小儿
家庭照护技巧

张芹芹　编著

U0325497

郑州大学出版社

图书在版编目(CIP)数据

小儿家庭照护技巧 / 张芹芹编著. — 郑州:郑州
大学出版社,2020.12
ISBN 978-7-5645-7616-5

Ⅰ.①小… Ⅱ.①张… Ⅲ.①婴幼儿 – 护理
Ⅳ.①R174

中国版本图书馆 CIP 数据核字(2020)第 248738 号

小儿家庭照护技巧

XIAO'ER JIATING ZHAOHU JIQIAO

策划编辑	苗 萱		封面设计	苏永生
责任编辑	李龙传 张 楠		版式设计	苏永生
责任校对	张彦勤 吕笑娟		责任监制	凌 青 李瑞卿

出版发行	郑州大学出版社有限公司		地 址	郑州市大学路40号(450052)
出版人	孙保营		网 址	http://www.zzup.cn
经 销	全国新华书店		发行电话	0371-66966070
印 刷	新乡市豫北印务有限公司			
开 本	710 mm×1 010 mm 1 / 16			
印 张	9.25		字 数	138 千字
版 次	2020 年 12 月第 1 版		印 次	2020 年 12 月第 1 次印刷

书 号	ISBN 978-7-5645-7616-5		定 价	39.00 元

 **作者简介**

　　张芹芹，副主任护师，毕业于南京医科大学，护理学专业，从事临床护理工作20余年，曾任昆山宗仁卿纪念医院儿科病区护士长，擅长小儿常见病和多发病的护理、小儿疾病早期症状的识别与护理、小儿急救技能的培训及小儿家庭照护技巧的推广等。在《当代护士》《医学信息》等杂志发表过数篇护理专业论文。

序

作为一名儿科重症医学科医生，通常我们都在抢救最危重的孩子，但是，也许出乎大家的意料，这些在 ICU 治疗的孩子，在一步步发展成为危重症的最初，可能就是我们家长的某一个疏忽，或是护理不当对孩子造成的伤害的累积。比如，孩子长期高糖高脂饮食与糖尿病、胰腺炎的发生息息相关；家长长时间"手机控"，连孩子爬出窗外坠落都未察觉；有高年级学生选择吃药和跳楼结束自己的生命，这样的悲剧也都有相应的家庭问题。非常遗憾的是，很多孩子的父母或监护人在成为家长的那一刻，并没有做好当家长的准备。做家长就像上学一样，需要端正态度，一点点、一步步积累，还需要有好的书目供学习和参考。

很高兴为张芹芹老师的书做序，这是因为感动于她的用心和专注，以及本书友好的交互界面，从一个个实际问题出发，将大原则寓于每一个现实细节的落实之中，使读者容易理解的同时，增进可执行性。比如书中提到的家庭内的礼貌用语，如"请""对不起"，看似不起眼，其实暗含很多沟通过程的潜台词，对于维系良好家庭的关系尤为重要。

书中内容涉及儿童成长发育、心理和疾病的方方面面，根据问题一一梳理并予以解答。从专业角度而言，书中不可避免存在一些具有争议的地方,书中给出相对保守和经典的推荐,同时也不影响读者由此引发思考甚至探索,从而不断完善内容。

感同于作者写书的初衷,人是一个身、心、灵的整体,我们参考任何书籍和资料切不可断章取义。我们所有为了孩子的健康而工作的医务人员,不断探索身、心、灵健康的过程并无止境。衷心祝愿每个孩子健康成长,也感谢张芹芹老师做出的不懈努力!

苏州大学附属儿童医院重症医学科副主任

苏州大学副教授

柏振江

2020 年 09 月 12 日

于苏州大学附属儿童医院

前言

据报道,现在国内儿科医生空缺约 1.5 万名,且呈逐年上升趋势,致使儿童看病难的问题日益严重。一个医生每天需要看诊大量患儿,导致花在每个患儿身上的时间非常少。所以,孩子生病了去医院,医生往往没有时间详细询问孩子到底经历了什么,怎么得的病,只能大概问诊后,先进行各种检查,然后根据经验及检查结果来进行诊治。即使这样,候诊的队伍还是排成长龙。患儿为何似乎越治越多? 这值得我们深思!

国家在预防儿童疾病方面做了大量的工作,譬如,预防接种、社区筛查、科普宣传、免费体检、大型义诊,等等。家长们也通过各种途径去学习小儿防病知识,但儿科门诊让人震撼的爆满场面还是每日可见。到底是哪里出了问题?

常听家长们说:"我们已经很注意照顾了,孩子却还是会经常生病!"也有人说:"还是以前好,即使是在农村,家长都不怎么照顾的情况下,孩子们却一个个长得结实,很少生病,有的连医院长什么样子都不知道。"事实是这样的吗? 让我们来分析一下。

首先,以前的孩子体力活动较多,晒太阳时间也相对较多,比现代的孩子长得结实的可能性是存在的,但如果从统计学角度看,病死率、伤残率等应该远远大于现代的孩子,人的平均寿命也较现代人短,毕竟那时的生存条件和医疗条件都远远落后于当今。

其次,对于现代的孩子,虽然物质丰富,条件优越,人们关注孩子的时间也多,但他们承载的各种致病风险却较以前更为复杂。列举以下几个方面。

(1)空气质量。PM 2.5,空气污染指数,现在人人皆知,它的数值也越来越让我们警醒。工业废气、汽车尾气、垃圾焚烧等对空气的污染逐日严重;能吸收二氧化碳并放出氧气的森林,因为树木的砍伐而大量消失;地面植被的过度垦荒,使土地大面积沙漠化,加速了沙尘暴的形成等。这些因素让空气质量持续恶化,时刻考验着孩子们的呼吸系统。

(2)环境质量。常见的环境污染源有看不到的辐射;无法避免的噪声;劣质的装修、新衣物、新玩具等残存的甲醛等有害物质,等等。这些污染源在无形中侵害着孩子们的身体。此外,由于人群的高度密集,传染性疾病的传播风险也大大增加。

(3)食品质量。当前食品质量存在的问题有纯绿色食品缺乏、食品添加剂繁多、有害食物屡禁不止、餐饮店卫生状况不达标、保健品泛滥及宣传过度、家长对于孩子的科学饮食供给知识缺乏或被误导等。这些因素使孩子每日摄入的食物中,混入有害物质的概率大大增加。

(4)意外风险。车流的庞大队伍、人群的高度密集、环境结构的复杂化、机械电子化产品的增多、宠溺的教育导致的孩子任性等,都置孩子们于相对危险的境地。车祸、走失、机械伤害、坠楼、自伤等意外事件层出不穷。

(5)心理压力。现代孩子与日俱增的学习压力、竞争压力,家长对孩子的高标准、高要求等,使孩子们承载着较高的心理压力。而且,随着社会和经济的飞速发展,家长们承载的工作及社会压力,学校承载的教育压力等,都无形中投射给孩子更多的压力,使孩子过早过重地承担着这一切,本该有的愉快、轻松的美好童年时光,对于现代的孩子,逐渐成为一种奢求。

我们的孩子在这样的生理和心理环境下生存,生病也就在所难免了。

此外,时常会听到家长们抱怨,孩子在自己家时好好的,一换生活环境就生病;孩子在某位家长照护下不生病,换个家长照护就容易生病。这又是为什么?在现代家庭中,一个孩子,照护者可能有2位、4位甚至更多,而家长们之间存在着文化差异及养育知识的不对等。老一辈习惯用传承的经验来带孩子,随着时代和环境的变化,有时会跟不上发展的脚步,且传承的经验中有些方式的科学性还有待考究。新手爸妈们所处的网络时代催生了很多新兴的带娃模式,但涉及的知识繁杂。医学是门深奥的学科,对于网络上能查阅到的一些照护方式和方法,有时专业人员都很难辨别其中知识的真伪与适用性,且每个孩子的情况都不尽相同,非医学专业的家长们就更加难辨是非了。以上这些,致使一个家庭中的家长们对孩子的照护方式各不相同。孩子的照护方式不断切换,更容易导致孩子生病。

孩子生病以后,我们要照顾他们,生活节奏就会被打乱,工作也可能受到影响。而且,现在看病这么难,不是一号难求,就是候诊时间长,再看着可怜的孩子,心理压力也随之增加。在这样糟糕的压力下,家长们的脾气会变得暴躁,家庭成员之间会互相埋怨,家庭矛盾会增加,生活、工作将可能变成一团乱麻。此外,孩子看病还会加重家庭的经济负担。所以,如果孩子能少生病,我们的生活将会减少很多这样的折磨。

那么，面对现代的环境，我们怎么能相对保证孩子的健康呢？可能需要我们考虑的问题要广一些，注意的细节要多一些。但不用担心，让我们先来分析一下这些问题产生的原因，再告诉大家一些预防疾病的大原则，以及应对小妙招，使大家知其然，再知其所以然，照顾孩子就不再是那么困难的事情了。

家庭照护，在可执行度上一直缺少很详细的讲解。举个例子，"适时增减衣物"是医生、护士最常嘱咐的一句话，但如何适时？增减多少？家长们往往无法衡量，这句话也变成了一句只起到提醒作用却无法很好操作的空话，家长得不到具体的指导，孩子下次照样生病。本书对家长如何判断孩子的冷暖给予了具体的指导，通过详细的步骤和流程讲解，提供了客观的依据，并指导家长在正确判断出冷暖后如何给孩子增减衣物，并给予了孩子冷暖方面照护方式的大原则、大方向，只要掌握了这些原则，小儿家庭照护在可执行度上就会有一个较大的改善。虽然内容很多，但家长们只要抓住重点，在关键时刻及时消除生病隐患，孩子的健康就能得到基本保证。

本书从预防小儿疾病着手，将孩子在家庭中常见的一些照护问题进行汇总归纳，并用通俗易懂的语言对照护细节进行一一剖析。希望能通过本书协调不同家庭成员的照护方式，更好地保障小儿健康，减少小儿疾病的发生，并期望能在一定程度上减少家庭矛盾的产生，为促进社会和谐尽微薄之力。孩子好了，家就会更好。

"三分治疗，七分护理"是不变的真理，只有照护方法正确了，才能真正地让孩子少生病。当孩子生病时，其实身体已经受到了损害，有的能治好，有的可能会留下终身遗憾！所以，预防疾病的发生才是最关键的！保障孩子的健康，还得靠家长们一点一滴细心的呵护，只有家长才是孩子最好的健康卫士，只有家长才能真正让孩子少生病！希望本书能给家长们带来一些实际的帮助，为家长们解除一些照护孩子方面的困扰。让我们一起努力，为我们的下一代，下下代，乃至子孙后代的健康而战！

最后，特别感谢苏州大学附属儿童医院的柏振江主任在百忙之中为本书作序！我将不断完善不足，为保护儿童健康的共同目标而努力！还要感谢我的法律顾问陈腊梅女士在本书出版过程中给予的法律支持！

编者

目 录

第一章

保障小儿健康的措施

在儿科,患儿以 1~3 岁的婴幼儿及上幼儿园的学龄前期儿童居多。为什么呢? 因为这个年龄段的孩子免疫力相对较弱,很容易受外界不良环境的影响。

小儿最常见的疾病类型是呼吸系统疾病和消化系统疾病,这又是为什么? 因为在完整的人体内部,只有呼吸道和消化道与外界接触最多,最易受外界环境的影响,所以发病率最高。

那么,做好这两个年龄段孩子疾病的预防,防范好这两种类型的疾病发生,将会使大多数孩子的健康得到保证。

说到呼吸系统疾病的发病原因,大家可能最先想到的就是受凉了或被感染了;而对于消化系统疾病,大家可能会想到与受凉、进食等有关。其实,不单单是这些,家长在抚养孩子过程中的任何疏忽都可能导致这些健康问题的产生。那么如何预防? 本书总结了几大方面的内容,如果掌握了这几方面,不仅可以防止呼吸系统和消化系统疾病的发生,还可防止其他诸多疾病的发生。总而言之,就是注意了这几方面之后,孩子的抵抗力强了,远离了可能损害健康的因素,生病自然就会少了。下面就让我们来细细地聊一聊吧!

想让孩子少生病需要以下几方面的知识:合理衣着、提供适宜的环境、合理喂养、妥善管理排泄问题、适度运动、保证充足的休息与睡眠、促进健康的心理发育等。哪一个环节不到位,就有可能导致孩子生病,所以我们要尽量面面俱到,不让疾病有可乘之机。下面逐个给家长们分析。

第一节　合理衣着

一、冷暖判断

导致孩子生病的首要问题是冷热不均,那么合适的穿衣盖被就是首先需要解决的问题。医生们经常会叮嘱患儿家长一句话:"要适时地给孩子增减衣物!"那么,具体如何去做呢? 有以下技巧。

给孩子穿衣时首先看看家庭成员穿了多少衣服,因一家人当中可能有的是寒性体质,有的是热性体质,所以不要以哪一个人的穿衣多少来作为参考,而要综合来判断,给孩子穿适宜厚度的衣服,再按以下方法来判断孩子穿衣是否合适。要记住一个判断的原则:先摸孩子的背部有无汗,再摸手脚是否温暖。

冷暖判断具体方法及应对措施如下。

1. 合适的穿盖

孩子背部无汗,手脚温暖或稍湿,说明其穿盖厚度适宜。

2. 穿盖太少

孩子背部无汗,手脚冰凉。

应对方法:应增加衣服或盖被。这里提醒大家,及时最重要!要及时地识别孩子受凉了,及时地给其增加衣被。如果孩子手脚冰凉时间过长,或日复一日都处于这种状态,很有可能疾病就悄悄地发生了。所以,家长要有意识地经常去摸孩子的后背和手脚,一旦后背无汗而手脚冰凉,就要给孩子增加衣被。有时孩子虽受凉了,但只要及时将孩子捂热,就能将疾病扼杀在萌芽状态。但不建议给孩子捂太厚,时间太久。只要手脚暖了,就可以了。这里要纠正一个错误的老观点:认为孩子生病捂出汗就好了。不是什么情况都能捂的,具体见第三章第一节内容。

孩子足部保暖的问题常被忽视。经常看到家长抱着穿着棉袄的孩子时,让孩子的脚光着,或让孩子在冰冷的地板上光脚跑。根据中医经络学说,人体五脏六腑在足部都有投射区,所以足部受凉,会影响五脏六腑的功能,最严重的是足底受凉会引起心脏的冠状动脉一过性收缩而致猝死,特别是在患者本身有心脏病时更容易猝发,所以我们不要轻视小小的足部保暖问题。为何我国足疗现在如此盛行?某些城市每隔几步就有一个足疗店,因为国人深深懂得足疗对健康的益处。足部短期受凉导致的危害有腹痛、腹泻,以及由呼吸道毛细血管收缩引起的抵抗力下降所致的发热、鼻炎、肺炎等。有时短期内危害是看不出来的,但小时候不注意的问题,等长大了,甚至到老了以后,很可能会引发躯体的病痛来“回馈”我们,譬如,“老寒腿”、血管硬化、高血压、胃肠道问题等。因此,在孩子怕热贪凉时,家长们要看好,避免让孩子光着脚或让脚部受凉。

3. 穿盖太多

当孩子背部有汗时，无论手脚是冷是热，多是穿盖太多所致。为什么背部有汗时，孩子的手脚有时会凉？第一，当过热时会启动出汗散热机制，但散热第一步相当于发热的体温上升期，会使末端的手脚反而冰凉；第二，当孩子出汗时，手心、脚心也会出汗，而外露皮肤上的水分蒸发会快速带走热量，所以手脚会是冰凉的，故切不可只以摸手脚来判断冷热。很多家长这样判断，觉得手脚凉了就是冷了，就一直给孩子增加衣被，殊不知孩子早已热得不行，导致后背出汗太多，从而引发疾病。

过热导致的出汗应对方法有及时擦干汗液，减少衣被。注意：如果环境温度很低，不可一次性减少太多衣被，要少量地减。譬如，如果本来穿了件厚棉衣，可以脱掉厚棉衣，换一件薄棉衣，同时更换汗湿衣物。更换衣物的时候不要让孩子的皮肤直接暴露在寒冷的环境中。推荐使用吸汗巾，因为更换较方便，可避免频繁脱换衣物而致受凉。但使用吸汗巾的家长们常会犯一个错误——一条吸汗巾从早用到晚，这样就失去了吸汗巾的作用。正确的做法是多备几条吸汗巾，当吸汗巾被汗液浸湿时要及时更换。因为孩子后背有汗时，汗液在皮肤表面蒸发会快速带走体内热量导致受凉，而使用吸汗巾的目的就是为了保持孩子的后背处于干燥的状态。

家长还需要将孩子正常的出汗与出虚汗及低血糖导致的出汗等相鉴别，最简单的判断方法是看在同样的温度下大众的穿衣厚度，如果孩子穿得很少还是出汗，那一定不是过热导致的。低血糖导致的出汗常发生在餐前或较长时间未进食时，患者可能近期有进食不佳情况发生，或经历了较大应激性心理事件，或患有糖尿病、胃肠道疾病，以及使用了一些可导致低血糖的药物后等。孩子若出汗是因为低血糖，应立即平卧，进食含糖高的食物即可缓解。当然，确切的诊断和治疗还是需要医生来操作。爱出虚汗常出现在平时体质较弱或伴有其他疾病时，通常孩子身体康复了，体质增强了，出虚汗的情况慢慢就会好转。

常有家长描述一个现象：孩子在刚入睡时会大量出汗。此种情况是孩子大脑皮质对自主神经的调节功能比较弱所致。孩子可能存在体质较弱的情况或有易紧张的心理特质等。对于体质较弱的孩子,家长可以根据本书所讲的方法来慢慢为孩子建立健康的生活习惯,使孩子抵抗力逐渐增强,出虚汗的症状可望缓解。对于有易紧张心理特质的孩子,他在白天神经会绷得很紧,特别在外界环境多变、压力过大、家庭成员关系紧张等易使小儿紧张的环境下,孩子出虚汗的现象会较明显。当孩子入睡时,忽然精神放松,全身毛孔也会张开,导致汗一下"涌出"。这样的孩子可适当从心理方面给予疏导,避免严厉责骂孩子,多给予其关爱,增加孩子的安全感,缓解其紧张情绪,待孩子年龄慢慢增长,这种现象会慢慢好转。还有其他导致出虚汗的原因需要医生进行判断,但有时往往很难找出真正的原因,只要没有大问题,就不用担心,适当多给孩子补充点水分,待孩子慢慢长大一般都会缓解。

判断冷暖时还有以下几个重点要注意。

第一,我们要在孩子处于静止状态时去判断他的冷暖。孩子有个特点,一运动就会出汗。一是因为孩子往往运动起来幅度很大,运动量也大;二是因为孩子的毛孔发育还不如成人那般坚实。如果是因为运动而出汗,可以减少衣服,但不要减得太多,还要及时把孩子的汗液擦干。但等孩子安静下来时,就要及时把他的衣服穿上。

第二,判断孩子冷暖不是在给孩子增减衣物后马上进行,而是要过半个小时左右再判断,给孩子的身体适应的时间,才能准确判断增减衣物是否合适。孩子因为皮下脂肪厚度及体质的不同,对热的敏感度也不同,从中医角度讲,孩子属纯阳之体,是怕热的,一般需要比成人穿稍少些为佳。但体质较弱的孩子及年龄较小的婴儿除外,特别是新生儿,他们的体温会很快随着外界环境温度升或降,衣被增减要相对多些。

关于冷暖方面,让我们最后讨论一个容易被疏忽的问题,就是身体的承受力与感觉的偏差。有时并不是我们感觉上能承受某种冷热程度,身体就能吃得消。在这里举几个例子说明一下。

例一:患有喘息的孩子,因为呼吸费力,穿常规厚度的衣服就会觉得很烦躁,并嫌热,甚至会有出汗,这是呼吸用力所致,不是真的太热。这种时候,孩子因为烦躁,往往会反抗穿衣,所以在寒冷天气时,很容易导致孩子受凉使疾病反复发作,不易控制。此种情况的应对方式如下:给孩子穿宽松、透气、轻便的衣服,有汗要及时擦干,保持皮肤的舒适度,减少孩子的烦躁。盖被也要注意勿太厚重,如果压得孩子喘气费力就会导致孩子蹬被子而受凉,可选材质较轻、透气性较好的盖被。同时还要对孩子进行心理沟通,让孩子明白为什么出汗了还不能穿很少的衣服,使孩子配合,不然反抗会加重喘息症状。

例二:对冷不敏感及意志力强也常是导致孩子受凉的原因所在,有些孩子不怕冷,问他们时常会回答:"不冷!"但身体是吃不消的。这类孩子就需要家长的细心呵护,严格按上面的冷暖判断标准,去真正地判断孩子的身体到底是冷还是热,及时发现孩子受凉迹象,不要被孩子的感觉描述所误导。

例三:有的孩子比较任性,稍微感到热就立马脱衣服。这种情况需要家长与孩子耐心地沟通,权衡利弊。有时需要家长狠心点儿,不能随意地迁就,不然等到孩子生病了,大人与孩子都要跟着受罪。

常有人会问,在以前的农村,孩子没有那么多的衣服,整个冬天,就穿一套厚的老棉袄老棉裤,无论冷了热了都不去管他,却不怎么生病,这是为何? 具体分析如下。

第一,他们所处环境的气温相对稳定。我们现在有各种先进的室温控制方式,如空调、取暖器等。在一天中,常使孩子在不同温度的环境中切换,如果家长对温度的感知灵敏度不够,不能及时给孩子增减衣物,就很容易导致其生病。

第二,现代的孩子衣物较多,换洗也频繁,我们在增减衣物时对厚度不好把握,完全凭主观感觉去操作,容易产生偏差。

第三,以前的孩子沐浴在阳光下的时间相对较多,大自然的空气也很清新,食物纯绿色,孩子生存在比较健康、自然的环境中。加上接触的花花草草、小动物等,可以很好地锻炼孩子的机体适应大自然的能力。

第四,以前孩子们的活动范围相对城里还是比较宽广的,孩子们能尽情地奔跑、嬉戏、打闹,帮助忙碌的家长干些体力活,这些对增强骨骼、肌肉发育,减压,调节身心,提高免疫力等都是非常有益的。

综上所述,我们现代的孩子,特别是城市里的孩子,首先在体质方面会弱于以前的孩子;其次在成长环境方面也较以前复杂,有害因素相对较多。所以,对于现代的孩子,我们需要注意更多细节方面的问题,才能避免孩子生病。

二、春捂秋冻

"春捂秋冻"的养生谚语,是由于我国在同纬度上春(秋)季升(降)温最急而诞生的。

1."春捂"

春季,虽然天气慢慢暖和起来,但是气候经常变化。俗话说"春天孩儿脸,一天变三变"。明明是晴天风和日丽,可能一会儿又下雨就开始变冷。由于人们在冬季穿了几个月的棉衣,身体产热散热的调节与冬季的环境温度处于相对平衡的状态。但到了春季,就要一会儿穿衣服,一会儿脱衣服。如果把衣服脱得太多,就会不适应气候变化而容易受凉得病。且春季的气温虽处于上升阶段,但室内的温度由于房屋热惰性跟不上室外而产生内外温差,当从温暖的室外走进阴凉的室内时,如果不及时添衣,也会导致受凉而生病。

"春捂"的意思是:春季不要过早过多地脱掉衣服。人们在初春季节要有意捂着一点,慢慢地减衣服。遇外出时,养成随身携带外套的习惯,遇较冷或风大的环境立马穿上,可避免受凉,一旦受凉会使身体抵抗力下降,病原体乘虚而入,容易引发各种呼吸系统疾病及冬春季传染病。"春捂"对于孩子的意义更为重要,孩子对气候的变化更为敏感,很容易受环境温度变化的影响,所以家长们在春季时要适当给孩子"春捂",不要急着给孩子减太多衣服。

2."秋冻"

秋季,虽然气温处于下降阶段,但季节刚开始转换时,气温尚不稳定,暑热尚未退尽,不宜过多过早地增加衣服,因为一旦气温回升,出汗吹风,很容易受凉致病。此外,因房屋热惰性,室内气温下降速度落后于室外大自然,从而产生与春季相反的温差,即室内温度会高于室外。所以从室外走进室内,气温升高,就要脱衣。"秋冻"可以避免出汗不适而引起生病。还有,如果过早地穿上棉衣,会使身体得不到应对冷空气的锻炼,使防寒能力降低,到了寒冷天气,鼻子和气管一旦受到冷空气侵袭,里面的血管抵抗不住而致过度收缩,使血流量减少,引起抗菌能力减弱,躲在鼻子或气管里的病菌乘机活动,引起咳嗽、打喷嚏、流鼻涕、发热等症状,就导致疾病的发生了。

所以,秋季应该冻着点,衣服要慢慢地增加,有助于锻炼耐寒能力,提高对低温的适应力。但对于孩子,"秋冻"要谨慎,需要及时根据冷暖判断原则及时进行衣物的增减。

一般情况下,建议以日照温度15～20 ℃为界限来解除"春捂秋冻",即在此温度以上时可解除"春捂",换上春装,在此温度以下时可解除"秋冻",换上较厚的秋装,但具体还是要因人因体质而异。

三、夜间蹬被子的问题应对

在冷天,夜间蹬被子是导致孩子受凉的重要原因之一,也是家长最苦恼的问题之一。导致孩子蹬被子的常见原因有以下几点因素:第一,被子太厚重,孩子觉得压得很不舒适,甚至会觉得喘气费力;第二,衣着或被褥不透气,盖被内湿气太大使孩子感到烦闷不适;第三,孩子因生长发育,骨骼、肌肉悄悄拉长而产生的生长痛,或其他不舒适使孩子烦躁而蹬被子等。

孩子蹬被子问题的应对方法有以下两种:一,提高室温;二,睡觉时多穿点衣服。方法虽简单,但在家长的认知度和执行力上常出现问题。有的家长认为,当孩子蹬被子时,给其盖上就行了。但殊不知当家长发现孩子蹬被子时,被子可能已被蹬开了很久,孩子已受凉了很久。且夜间孩子经常这样蹬被子,不仅孩子会着凉,家长也会因担忧而使睡眠质量受到影响,使家长容易疲倦而影响次日的生活和工作质量。有的家长还觉得让孩子穿很多衣服睡觉,孩子会不舒适,这个就需要家长算笔帐了,要看让孩子穿着不舒适和生病比哪个更糟糕,这样答案就明了了。有了以上认识才能使家长有解决该问题的决心,两种方法选其一即可,也可以根据实际情况适当结合。具体操作如下。

1. 提高室温

可使用空调、取暖器、地暖等方法来提高室温,但使用时有些注意事项要知道。常会听到有些家长说,自家的孩子一开空调就生病,认为不能给孩子开空调。这个认知是有问题的,我们举个例子就可以否定该认知。在医院,病情最重的重症监护室的患者,都是待在空调房间内的,且多数情况下整个医院都是开着空调的,所以导致孩子生病的不是空调本身,可能是使用空调的方法不正确,下面介绍几点空调使用的注意事项。

(1)使用前请一定要拆下空调滤网清洗一下,还有空调的出风口处如果有积尘也要擦洗干净。如果您从未做过这两件事,试着做一次看看,滤网上及出风口处的积尘会让您触目惊心。那么多的积尘不去除,空调一打开,就会将这些积尘吹到室内空气中,可想整个房间的空气质量会有多糟糕,所以一定要定时清洗滤网。清洗频率要根据空调的使用说明书和房间内的空气污染程度来决定,有的3个月1次,有的1个月1次,有的可能需要更短时间。

(2)空调刚启动时应避免让孩子在空调房间内或出风口处待着。在冬天,当空调刚启动时,吹出的风温度会比设定的温度高,孩子会觉得热而脱过多的衣服。在夏天,刚启动的空调吹出的风温度会比设定的温度低很多,风也会大,冷风对着孩子吹很容易着凉。建议等室内温度恒定后再让孩子进入,以便能根据室温准确地判断孩子衣着的厚度,及时地增减衣物。

(3)避免让孩子一直对着空调出风口。如果努力调节空调出风方向仍然无法避开空调出风时,有个小技巧可以应对:找一大块足够遮住风口的布或塑料纸等,挂在风口上,长度最好能拖到地面,这样使风向地面和两边吹,可避免孩子直接被风吹到,但要注意保证操作的安全性。当然,地面的浮尘事先清理干净也是重点。现在便捷的高科技产品——扫地机、吸尘器,在清理床底、柜底、墙角等卫生死角处灰尘方面的功能强大,值得推荐。

(4)空调设置的温度应适宜,不要使室内外环境的温差较大,特别是当孩子在不同温度环境中来回运动时更要注意。冬天和夏天的温度是不一样的。因每个空调的性能及使用年代不一样,同样的数值调控出来的温度也可能有差距,所以在这给出具体的温度数值只能作为参考,建议:夏天 26 ℃左右,冬天 22 ℃左右。无论空调温度调至多少度,只要注意孩子衣着合适,不要让其在不同温度环境中频繁走动,问题都不大。

(5)开空调时要注意室内的湿度,人体呼吸道适宜的空气湿度是 55%~65%,如果达不到,需要提高室内湿度。有条件的可使用空气湿化器,没条件的可以在床底放盆热水。建议室内安装湿度计,因为空气湿度过小、过大对呼吸道都不利。空气湿度过小,会导致呼吸道黏膜干燥,而致呼吸道保护力量减弱,使病原体容易侵袭。空气湿度过大会阻碍肺部气体交换功能,还会促进霉菌的滋生。

对于取暖器的使用,要注意安全的问题,避免烫伤和触电等危险。无论使用何种取暖方式,都要关注空气湿度的问题。

2. 睡觉时多穿衣服

盖不住被子的孩子,可给其多穿点衣服睡觉。天气寒冷时,可穿厚的棉质睡衣或睡袋等。穿成套的棉质睡衣时有个问题要注意,就是孩子平躺时,后背部上衣和裤子重叠的地方是双层厚度,可能会因不平整而使孩子感到不舒适,建议使用连体睡衣或睡袋为佳。穿睡袋时要注意,睡袋的密封性相对较高,所以保暖性强,建议睡袋要比平时的棉被薄一点,可避免过热使孩子反抗或出汗。给孩子穿睡衣睡觉时,还要注意足部的保暖,必要时穿松软的厚棉袜套,袜套的厚度要跟睡衣厚度相当,至少要让足部保持有热度。

无论采取以上哪种措施,按前面的标准及时判断孩子衣被厚度是否合适是关键。

有些家长很困惑,孩子小时候给他穿啥样的衣服就是啥样,但现在孩子大了,夜间即使给他穿好衣服了,自己都会把衣服脱掉,怎么办?这点确实让人苦恼!孩子不配合是件麻烦的事情,因为夜里睡眠状态,有时动作是潜意识的,只是觉得热了就脱了,但再让其穿上就很不配合了。我们可以找找原因,有可能是穿得太厚了,孩子真的热得受不了;也有可能是后背的衣服不平整,垫得孩子难受;还有可能是衣服不透气,闷热难受,或贴身衣物非棉质,使孩子产生瘙痒等不适;也有可能是孩子不适应新的衣着盖被方式,需要适应一段时间。大点儿的孩子可以跟其聊聊蹬被子这件事,讲讲利弊,与孩子一起探讨预防蹬被子的必要性及应对方法,使孩子从心理上慢慢接受。

以上需要家长细心地寻找原因,耐心地摸索孩子能接受的方式,去帮孩子解决睡觉蹬被子致受凉的问题。现代网络便捷、物流方便,能寻找到各种厚度、大小、材质、图案的睡衣、睡袋、盖被等,相信总有一款适合自己的孩子,必要时,可以与孩子一起挑选其喜爱的款式,通过兴趣引导,可能更利于孩子接受。

四、洗澡时的冷暖注意

在冷天,洗澡时受凉也是孩子经常感冒的原因之一。在给孩子洗澡时我们需注意以下几点。

(1)洗澡时应先将浴室温度提高再脱衣服,冬天建议升至28 ℃。使用浴霸、防水取暖器等都可以。不提倡吹风式的取暖器,因在未达到一定高度室温时对孩子是不利的。

(2)水温在37~40 ℃,勿过冷或过热。建议温度不要太高,因孩子对热较敏感,稍高于皮肤温度就会感到不适而反抗。当孩子皮肤温度较低时,水温需要先低一些,待孩子适应了该温度,再慢慢提高水温至合适温度。

(3)给较小的孩子洗澡时,若没有足够的淋浴条件,建议选择盆浴对孩子更安全。给孩子盆浴时可以先洗完脸和头发再脱衣服,勿使身体的皮肤直接暴露于空气中较长时间。若先洗身体后洗头发,在室温不够高时,建议洗完身体用浴巾适当包裹后再洗头,以免整个身体暴露时间较长而着凉。给孩子淋浴时一定注意水温的调节,保持水温的恒定,避免忽冷、忽热或过冷、过热。水温不能稳定时,不建议淋浴。选择淋浴时速度要更快,因为盆浴可以让孩子的整个身体在温水中,而淋浴时大部分身体都是在空气中,容易受凉。

(4)洗澡前应将所需物品准备齐全,以避免在孩子洗澡过程中家长来回出入浴室,致室温骤降或不稳定。

（5）给孩子洗澡时勿在其身边频繁走动，以免造成过多气流，这等同于给孩子吹风。洗完后应立即用浴巾包裹，将头发及身上的水分吸干后，一件件穿好衣服再出浴室为佳。去卧室穿衣时，如果卧室温度不够高，建议最好在被褥内完成穿衣动作。

（6）浴室与卧室间的距离如果过长，其间的室温也要注意。如果无法提高温度，请将孩子包裹严实一点，包括未干的头发。环境不可有风，因此时皮肤上虽没有水珠，但仍有水气，带有水气的皮肤散热很快，容易导致孩子受凉。

这里反复提到要避免孩子皮肤裸露，是因为相对于成人，儿童的体表面积较大，且孩子的体温会随着外界的温度忽升或忽降，所以一定要注意，无论在什么时候，环境温度如果没有在 28 ℃以上，避免给孩子裸露身体。底线是至少身上要有一层衣服，可以起到温度的缓冲作用。以上这些注意事项对于年幼的孩子尤其要重视。

五、换尿布时的冷暖注意

给婴儿换尿布时的不当操作会导致孩子受凉，也是一个容易疏忽的方面。在寒冷的天气，常看到孩子大便后，有的家长给孩子清洗臀部时，把孩子的裤子都脱光了，特别是几个月大的孩子。家长觉得只是给孩子暴露了一点点，可对于孩子，是半个身子被裸露在冰冷的空气中，有的清洗动作再慢点，往往就会导致孩子受凉。所以，清洗时，不要将孩子的裤子都脱光，清洗速度也要稍快些，必要时要提高室温。

第二节　提供适宜的环境

我们现在的生存环境日益恶化，对孩子们弱小的身体是种考验，在这方面我们家长能做点什么？总结了以下几点供您参考。

一、关注气象及空气污染程度报告

现在环境污染严重，特别是在部分城市，经常出现雾霾预警天气，我们每天出行前应关注一下气象预报。在污染较重的天气，应尽量避免带孩子外出,特别是在呼吸道传染病流行的季节,还要避免带孩子到人群密集的场所。需要外出时,鼓励孩子佩戴口罩。天气寒冷及风大时佩戴口罩,对于孩子的呼吸道可以起到一种保护作用。

【口罩小知识】

(1)口罩分为一次性医用防护口罩、一次性医用外科口罩、一次性医用普通口罩、一次性普通口罩、普通防护口罩、布类非一次性口罩等。前3种口罩一般用于医务工作者从事诊疗活动时,后3种口罩用于普通民众防雾霾等。在呼吸道传染病流行的季节,前3种医院级别的口罩较保险;到呼吸道传染病高危地区,选择外科口罩、医用防护口罩为最佳。没有条件的,选择后3种也可以,但要注意使用说明,只用于防雾霾的口罩,对于预防传染病效果较弱。有一种防护口罩带有呼吸阀,吸气时可过滤空气,但呼出的气体没有经过任何过滤,通过单向阀门毫无阻挡地使气体被呼出,呼气时较舒畅,适用于雾霾天气使用,但传染病流行时应避免佩戴,因为对周围的人是一种危险,一些公共场所会禁止佩戴。

(2)从医学角度建议佩戴的一次性口罩需至少4小时更换1次,特殊的防护型口罩使用时间参照说明书。无论哪种口罩,只要被污染或潮湿都要及时更换。非一次性口罩建议清洗完日光下曝晒后使用,且需要多备几只以便轮流交替使用。

(3)使用一次性口罩时注意佩戴方向不要弄错。口罩内层的设计是吸水层,中间是过滤层,外层是防水层。内外面戴反了就会导致呼吸水气越积越多,弄湿口罩,让口罩失去过滤功能。口罩上方有可塑形的金属条,是用于固定突起的鼻部,以使口罩与面部更贴合,还可防止呼出的热气模糊佩戴的眼镜,所以金属条的一边应是戴在上方的。其他特殊的口罩要参照说明书进行佩戴。

(4)佩戴口罩时要注意将口鼻全都遮住,并使口罩周围都紧贴皮肤才算合格。密封性好,口罩的防护效果才能好。为孩子购买的口罩要选择儿童专用口罩,并要根据年龄选择大小合适的口罩。

(5)戴上口罩后,口罩的外面被视为污染面,我们的手要避免去触碰口罩的外面。万一口罩被污染,我们的手摸过后也被污染,那么手就会成为重要传染源。这不仅会把细菌病毒传染给自己,还会传染给身边的人和环境。

（6）在传染病流行季节，用过的口罩不要随便丢弃，以免污染环境，可置入双层黄色垃圾袋封口丢弃入指定垃圾桶内。

二、开窗通风

室内的空气需要每天开窗通风换气，以保证空气质量，排出污浊的空气及二氧化碳，让清新的空气及氧气进入。但开窗通风前也要关注一下当天的空气质量，在污染较重的天气，建议少开窗。污染较轻的天气，每天至少开窗通风两次，每次至少半小时至 1 小时。有的家长习惯在夜间一直开着窗户，觉得屋内空气差，但在寒冷的冬天，需要提醒一下，当孩子在睡眠状态时，抵抗力是最弱的，如果这样开窗，夜间室外较重的湿气、寒气会不断侵袭孩子的身体，特别是呼吸道，疾病就会慢慢滋生。故冷天切不可夜间一直开着窗户，特别是让冷风一直对着孩子吹。如果孩子再有蹬被子的习惯，那么就很容易导致孩子受凉。建议在孩子清晨起床后开窗，晚上睡觉前再开窗通风 1 次。在寒冷天气，对于幼小的孩子还要注意尽量避免让其在开着的窗户和门之间活动，因对流的冷风也容易使孩子着凉。

三、提供适宜的温湿度

环境最佳温度是 18～22 ℃，但那是理想的状态，我们无法及时控制，只要衣着合适即可。我们呼吸道适宜的环境湿度是 55%～65%，如果湿度过低，可以使用湿化器，也可以在床底放盆水，特别干燥时，不妨放盆热水试试。对于湿度，建议大家买个室内的温湿度计，根据实际湿度来调节较为科学。在雨水较多的地区，可能湿度较大，如果再用湿化器，容易滋生霉菌，反倒不利于健康。

四、注意环境的温差

在一天中，避免让孩子经常在温差较大的环境中来回走动。不管温度高低，恒温最重要。我们的体温主要依靠大脑的下丘脑体温调节中枢来调节。当处于较冷环境时，人体会启动产热机制，使我们的皮肤、毛孔血管收缩以减少热量散出；肌肉收缩颤抖来产生热量，以保证我们的体温不会过低。当在较热环境时，会启动散热机制，使我们的皮肤毛孔血管舒张，皮肤出汗、呼吸变深快等，让我们的内热散出，不会体温过高。7岁以内的孩子，因体温调节中枢尚未发育完善，如果经常在不同温度环境中来回奔跑，大脑一会儿启动产热机制、一会儿启动散热机制，数次以后，体温调节中枢就开始紊乱，不知道到底该产热还是该散热，然后就出现了发热现象。这并不一定是孩子生病了，有时只是个信号，如果我们能及时发现该问题，并尽快保持孩子在恒定的温度环境中，再给予合理的衣着，孩子的体温可能慢慢就会恢复正常。如果不能及时发现该问题及采取应对措施，那么，就可能导致孩子生病了。譬如，经常出现的一种情况：周末家长带孩子去逛商场，在一个大商场里，每个区域的温度都不同，甚至有的很冷，有的很热，孩子在里面几圈一跑，回家后可能就生病了。所以经常有家长问，为什么孩子每到周一周二上学时就生病？有的家长以为是在学校被同学传染的，其实有时某些问题导致生病并不是马上会发生，身体的免疫力跟有害因素会再斗争一段时间，最终斗争失败了，才会表现出各种疾病症状让我们察觉。

五、注意防风

如果孩子在户外运动出了一身汗，再被冷风一吹，皮肤上的水分蒸发会快速带走大量热量，就很容易受凉。所以，爱动的孩子，要及时为其擦干汗液。头发被汗浸湿时，很难擦干。在冷天，戴上帽子作为保护是一个不错的方法。有的家长会认为，孩子感觉热还给其戴帽子是否有点矛盾？要说明一下，此时戴帽子是为了防止冷风快速带走头发上的汗水而致头部受凉，不是为了保暖。如果任凭凉风肆虐汗湿的头发，受凉就是很容易的事情了。还有人会说，吹风机也是风，为何就可以吹湿头发？因为吹风机吹出来的是热风。同理，夏天很热，人会一直出汗，但吹电风扇却不会受凉，也是因为环境及风的温度足够高的原因。这里给大家一个参考温度，当环境温度在28℃以下时，尽量不要让孩子带着汗吹冷风，避免使用电风扇等。

六、提供充足的阳光

充足的阳光照射可以起到杀菌的作用。在以前条件不足的传染病院,消毒被褥时只是采用阳光下暴晒6小时就可以杀灭传染性病原体,现代的紫外线灯照射消毒与阳光有异曲同工的作用。

阳光不仅可杀菌,还可促进钙的吸收。晒太阳能促进钙吸收的原理是:我们食物中的钙需要借助维生素D才能吸收,而维生素D 90%以上是靠紫外线照射皮肤生成的,所以晒太阳能间接促进钙的吸收。孩子多晒太阳,可促进骨骼发育。

阳光可促进皮肤的胆红素代谢,使皮肤黄疸消散,特别是对于患有新生儿黄疸的患儿效果明显(新生儿晒太阳的方法见第二章第一节内容)。有些皮肤较黄的人,一晒太阳就会变白就是这个道理。

阳光,代表着活力、充满着正能量,会让人产生心情愉悦之感。阳光有诸如此类的那么多好处,所以每天一定要适当地给孩子晒太阳,以促进孩子的身心健康。晒太阳的时间以至少2小时为佳,但要注意过冷季节勿因暴露过多而冻伤,过热季节勿因照射时间过长、太阳过烈而中暑。可选择太阳不烈的时间点,还要注意保护眼睛和会阴。晒太阳若隔着玻璃效果会不佳,因为部分紫外线不能透过玻璃。给孩子晒太阳不需要1次晒足2小时,特别是小的孩子,可以根据天气、温度、孩子的承受力,一天分多次晒。阴天也可以"晒太阳",因为紫外线可以透过部分云层。有晒太阳的医学禁忌证时要注意避免阳光直射皮肤。

七、适当远离宠物、花草

常患过敏性皮疹、过敏性哮喘、过敏性咳嗽等疾病的孩子,家长要注意观察孩子的疾病与家里所养的宠物和花草是否有关系,避免因对这些物质过敏而导致的疾病。花草在其开花季、花粉飞扬时,更易致人过敏。对于宠物,在其奔跑、抖动起来时,如果我们在阳光直射时观察空中,就会清晰地看到被抖出来的飞尘、毛发、皮屑等污物,其中甚至含有螨虫。无论宠物被清洗得有多干净,这都无法避免。如果孩子是过敏体质,要注意让其远离宠物和花草。

对于经常患有非过敏性呼吸系统疾病的孩子,也要注意适当避免接触宠物和花草,因为我们呼吸道黏膜本身具有防御能力,一旦有炎症等损伤时,就会破坏黏膜的保护作用,使病原体容易侵入而使病情加重,甚至诱发过敏性疾病的产生。但一般体质较好的孩子不用刻意回避宠物和花草,因为其带来的身心愉悦感也是增强免疫力的方式之一。没有特别禁忌的孩子,还是鼓励其从小接触宠物及花草的,这不但可以增长孩子的知识,陶冶孩子的情操,还可以增强孩子对不同物质的耐受力,降低身体过度的免疫反应。

八、远离可疑伤害物

(1)房子刚装修后挥发出的甲醛,如果长期被孩子吸入,可能会引起血液病,所以装修以后,应给房间足够的散味时间。但有时家长可能心急或不够重视,早早地入住,使一例例白血病患儿仍然不断地出现,这点应该让我们时刻警醒。

(2)给孩子购买的新衣物、用品、玩具等,也常会有有害气体的产生。首先,应尽量从正规渠道购买这些物品,因为至少能保证质检是合格的。其次,新衣物应尽量在清洗晾晒后再给孩子穿,异味较大时建议挂于通风处,待异味散尽再给孩子穿。新的用物、玩具类若有异味也建议尽量足够通风晾置或清洗后再使用(具体根据材质来定),以减少孩子接触有害气体的可能。

(3)避免让孩子接触危险环境和物品,预防跌倒、高空坠落、触电、异物吸入或吞入,远离明火等。让孩子在家长的安全监管下活动,努力为孩子营造安全的环境。

第三节　合理的喂养

一、合理的膳食

我国根据《中国居民膳食指南》制作了成人版的"中国居民平

衡膳食宝塔",指导国民平衡膳食、合理营养、促进健康。儿童的"膳食宝塔"也是参照成人的"膳食宝塔"所建,但儿童因年龄段不同,"膳食宝塔"内的食物在量上会有所不同,在这就不一一在图上说明,但无论如何变化,都有相同的框架(图1-1)。

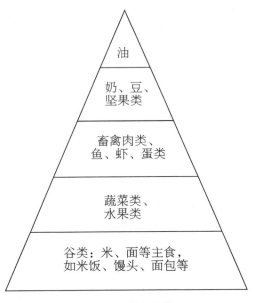

图1-1 膳食宝塔

"膳食宝塔"共分5层,每层的高度相同,但因是呈三角形,所以每层的面积因高度而递减。宝塔的每层都包含着不同的食物,通过整体结构清楚地展示了每层食物总量在整顿餐食中的占比,也就是最低层的膳食总量占比最多,最上层的占比最少。孩子的膳食结构与成人一样,也是以米、面等谷类为主食,在每餐饮食中的占比务必要最多,这是孩子长身体的坚实基础。其次要给孩子多量的蔬菜、水果,禽、鱼、肉、蛋的总量要比蔬菜、水果的总量少。奶类要根据不同年龄段给予,越小的孩子,奶量占比要越多,油脂类含量要最少。给孩子一天的饮食结构一定要参照以上原则合理搭配。这里再给大家提供"不同年龄段小儿膳食表"作参考(表1-1),教您不同年龄段孩子的膳食如何分配。

每个年龄段孩子的饮食要求是不一样的,《婴幼儿喂养全球策略》建议6个月以内的婴儿采用纯母乳喂养。即只给婴儿喂母乳，而不给其他任何的液体或固体食物，甚至不给水。但必要时可以服用维生素或矿物质、药物滴剂或糖浆。建议母乳喂养可持续至婴儿两岁及两岁以上，但在6个月后，一定要进行辅食的添加，因为母乳已不能提供婴儿生长发育所需的全部营养物质，特别是铁的不足容易造成婴儿缺铁性贫血的发生，所以要辅以蛋黄等含铁食物。辅食的及时添加也有利于婴儿牙齿的发育。

　　6个月的孩子开始对食物产生兴趣，常见的表现是：看到食物就很兴奋，当家长吃东西时，孩子会目不转睛地看，嘴巴会动，甚至会着急地想要去抓食物。有时还会因得不到食物而发脾气，会对食物有很强的欲望。这时一定要抓住孩子对食物的最佳兴趣期及时添加辅食，如果不添加，待过了兴趣期，再给孩子添加辅食，就不容易顺畅。孩子对食物很感兴趣的这个表现有可能在4、5个月时就出现，但那时孩子的肠胃尚未发育完善，勿急着给其添加辅食，否则有可能导致孩子营养不足、出现胃肠道问题及妈妈母乳减少等情况。

　　给孩子添加辅食时不可以随意添加，要先以单种食物为主，如米汤、米糊等，待孩子胃肠道适应几天后，再添加另一种食物。然后参照"不同年龄段小儿膳食表"进行合理喂养。

表1-1　不同年龄段小儿膳食表

年龄	食物形状	引入食物	主餐次	辅餐次	进食技能
0～6个月	纯母乳喂养	无法纯母乳喂养者，给予人工喂养或混合喂养	8～12次奶（5天内初乳量为10～40 mL/d，成熟乳量为700～1 000 mL/d）	无须添加辅食，奶粉喂养时要适当喂水（餐后1小时喂水较佳）	母乳，奶粉喂养时用合适奶瓶（奶瓶倒置时液体呈滴状连续滴出为宜）

续表1-1

年龄	食物形状	引入食物	主餐次	辅餐次	进食技能
6个月	泥状食物	含铁配方米粉、配方奶、蛋黄、菜泥、水果泥	6次奶(断夜间奶)	哺乳后先喂米粉1~2勺,逐渐增至多勺,直到加至1次。单种菜泥每天尝试2次,3~4日习惯后再换另一种	用勺喂
7~9个月	末状食物	粥、烂面、烤馒头片、饼干、鱼、全蛋、肝泥、肉末	4次奶(600~800 mL/d)	1餐饭 1次水果	学用杯
10~12个月	碎食物	厚粥、软饭、面条、馒头、碎肉、碎菜、豆制品、带馅食品等	3餐饭	2~3次奶 1次水果	抓食、断奶瓶、自用勺
1~3岁幼儿	食物种类应多样,注意色、香、味、形	蛋白质每日40 g(优质蛋白如动物蛋白和豆类蛋白要占总蛋白的1/2)。蛋白质:脂肪:碳水化合物=1:3:6	4餐:奶类2餐(400~500 mL)主食2餐	2次点心 1~2次水果	—
4~7岁学龄前儿童	食物种类应多样,注意色、香、味、形	以谷类食物为主,粗细粮搭配,多吃蔬菜和水果,经常吃适量的鱼、禽、蛋、瘦肉。每天喝奶,常吃豆制品。膳食清淡少盐,少喝含糖高的饮料。不挑食、不偏食	3餐	2次点心 1~2次水果	—

续表1-1

年龄	食物形状	引入食物	主餐次	辅餐次	进食技能
学龄儿童	同成人	定时定量,保证吃好早餐,多食含钙、铁、锌和维生素C的食物	3餐	1～2次点心 1～2次水果	—

注:1. 部分内容参照人民卫生出版社第5版《儿科护理学》。

2. "—"表示无内容。

辅食添加时期,孩子对食物的兴趣还可表现为喜欢通过手来感受食物的温度、柔软度、形状、质地等,这是孩子探索世界的重要一步。有的家长觉得孩子会把食物弄得到处都是,怕脏、怕清洗和打扫,所以禁止孩子用手接触食物,甚至一直代替孩子自取食物,剥夺了孩子的这一感知功能,也为日后的辅食添加及餐具的成功使用埋下了祸根。建议家长尽情地让孩子探索食物,不仅可增加孩子对食物的兴趣,还可使孩子更准确地感知和理解食物,促进孩子味觉、触觉等的发育。现在孩子进食时的防护用具种类很多,可以根据喜好及需求随意选择。条件有限时,可以拿张报纸,甚至拿块破布给孩子铺着盛接食物残渣,都可解决脏乱的问题。孩子将食物弄得到处都是,是因为他的精细动作尚未发育完善,待年龄慢慢增长,手部动作的稳定性和协调性发育完善,慢慢就会好转,我们只要告诉他尽量让食物都放置在餐具内,让他知道什么是正确的就可以,给孩子足够的时间慢慢成长。

1岁以内孩子的饮食一定要以软、烂、碎为主,但可适当给予一些利于切牙生长的食物,如切成大块的苹果等。1岁以后,适当给孩子吃些需要咀嚼的食物,为了后面磨牙的萌出和发育。3岁以内的孩子,适当注意食物不要过硬,以免咀嚼不充分,使食物不易消化和吸收。在孩子的饮食上要注意,尽量少吃油炸食物,避免辛辣刺激性的食物。水果也有讲究,樱桃、桂圆、荔枝、榴莲、橘子等这些易上火的水果要适当少吃,特别对于易上火的或有炎症的孩子,更要注意规避这些。"炎"字,两把火,再吃这些,会导致火上加火。蔬菜与水果的供给应以时令季节的为佳,并须结合当地的环境、气候特点供给。

二、按时进食

生物钟对人体的健康非常重要,遵循生物钟规律生活,人体会很适宜,相反,就会一切紊乱。在进食方面也如此。根据中国人传统的饮食习惯,一日三餐是适合我们国人体质的安排。早、中、晚餐要按时进食,以适应人体的营养需求。建议无论多大的孩子,首先一日三餐的正餐时间先固定,然后根据年龄及需要在正餐之间或睡前增加辅餐。三餐最佳时间是早餐 06:00～08:00,午餐 11:00～12:00,晚餐 16:00～18:00。若不按时进餐,人体就会出现营养跟不上的不适症状,如乏力、心悸、注意力不集中、精神不振等,按时进食是保证一天生活质量的重要基础。具体的餐次安排参照表 1-1"不同年龄段小儿膳食表"。

三、控制零食

现在的孩子常被家长们过度地关爱。在食物方面,随着家庭生活水平的不断提高,家长们希望把世界上所有的美味都让孩子尝尽,所以一到超市就会控制不住地把大包小包的零食往家带。零食可不可以吃?孩子的味觉是生长发育的内容之一,且孩子的胃容量较小,进食主餐量相对不能满足营养需要。所以在主餐之间适当增加点儿零食是可以的,但零食有一些危害需要我们注意。

第一,现在零食的种类繁多,且多会偏重口味,诱人而非营养合理,零食的诱惑力会比正餐还要大,致使孩子会因为想吃零食而减少正餐的摄入量,甚至用零食来代替正餐。长此以往,会导致孩子营养不均衡,影响其生长发育。

第二,多数零食中的添加剂会很多,一种零食中可能会有十多种甚至更多的添加剂。如果一天吃很多零食,那么身体内无关营养的物质累积起来就会很多,会加重器官的代谢负担,虽然对于身体的不良影响尚无法证实,但现代为什么有那么多过敏体质及牙齿不正常的孩子,他们与零食摄入的关系程度值得我们深思。所以,在零食的选择及食用上有以下事项要注意。

(1)要看成分表,尽量选择添加剂少的零食。

（2）婴幼儿应选择以米、面为主要成分的零食为佳。

（3）避免辛辣刺激性零食，少食油炸、膨化等易上火的零食，海鲜及罕见品种的零食慎选，避免孩子不适应或过敏。

（4）注意查看有效期，并尽早食用。

（5）在零食的安排上，一定要避开正餐，可在两餐中间的时间段给予。如果在餐前给予，会导致占用正餐胃容量，使正餐进食量减少；如果在餐后，时间长孩子摸索出规律了，就会故意少吃正餐，等着零食。

（6）口味上宜选择温和一些的。

（7）避免过甜零食。在某一儿科病区，住院的孩子当天的随机血糖检验中，经常有血糖、尿糖较高的现象。经过调查发现，主要是孩子在采血前期进食了甜面包、甜蛋糕等甜品及甜粥，这些糖分要经过我们的胰腺去消化，如果经常食用，势必会加重胰腺的负担，以后得糖尿病的概率就会增加。所以适当控制含糖量高的零食摄入有利于保护我们的胰腺功能。在选择甜食时，可以查看包装外面的糖分含量或占比，选择糖量占比较低的甜食为佳。

四、合理饮水

现在肾衰竭的孩子越来越多，小小年纪就开始漫长的血液透析之路，甚至到了换肾的地步，我们不得不关注此类问题。首先我们要了解肾脏的功能，肾脏和肠道都是我们身体排泄废物的通道，只是肾脏以液体形式排出废物，其中含量最多的是水分。我们一天的饮水量是决定我们尿液排出废物量的关键，所以水是影响肾功能的第一位要素。每天我们应该饮入足够的水量才能保证我们足够的尿液，以便排出身体的代谢废物。

关于孩子饮水方面常出现以下问题需应对。

1. 以饮料、果汁等代替水

很多家长会说："我们孩子就不爱喝白开水，只能给他喝饮料、果汁来补充水分。"不能用饮料、果汁来代替白开水的原因，让我们举个例子来说明，如果我们想把满是污泥的手冲洗干净，是用水冲洗得干净还是用果汁冲洗得干净？答案显而易见。所以，想让我们身体内的代谢废物充分排出,需要足够的白开水,千万不要用饮料来替代水去排泄身体内的废物,饮料中的很多成分反倒会加重肾脏排泄的负担。根据上面讲到的零食添加剂问题,您也可以看看饮料内的添加剂有多少。我们的肾脏排泄废物,需要通过肾小球来过滤,这些添加剂无形中增加了肾小球的过滤负担。有些物质浓度过高还会在肾小管内结晶使排尿管道堵塞,都是造成肾脏损害的原因。所以我们一定要少喝饮料,养成饮白开水的习惯。

2. 饮水量不足

小儿的需水量标准:1 岁 120 ~ 160 mL/(kg·d);1 ~ 3 岁 100 ~ 140 mL/(kg·d);4 ~ 9 岁 70 ~ 110 mL/(kg·d);10 ~ 14 岁 50 ~ 90 mL/(kg·d)。需水量是包括饭、汤、菜、饮料等在内的总和水量。

孩子饮水量不足往往是因为以往没有建立良好的饮水习惯。对于不会表达口渴的孩子,饮水的多少完全靠家长来供给,如果家长不去关注孩子的喝水问题,可能孩子就不会主动要求喝水。人体可耐受轻度的缺水状态,即使家长总是忽视孩子的饮水问题,只要一日三餐正常进食,孩子一般也不会有什么严重的症状可以让家长察觉,但如果孩子的身体长期处于缺水状态,机体不能将代谢废物顺利排出,必定会引起健康的问题。饮水不足导致的身体损害有时并不是短期内造成的,往往是长期不太注重而导致的。

解决孩子饮水不足问题,首先要让孩子慢慢养成喝水的习惯,可以给他准备一个专用的方便饮用的水杯,然后每隔 1 ~ 2 小时给孩子喂点水,时间久了,身体也会像形成生物钟一样,隔段时间就想要喝水。外出时养成随身携带水杯的习惯,让孩子在任何时候保证不缺水。大点儿的孩子经常会因贪玩而忽略饮水,需要家长不时地提醒一下。等饮水意识培养到足够,孩子慢慢就会养成主动饮水的习惯。然后再在喝水的次数和量上逐步增加,基本就能保证孩子的需水量。

3. 孩子不爱喝水

平时如果孩子有喝饮料的习惯,可能就不太爱喝白开水,毕竟饮料要比水好喝得多。家长首先要与孩子沟通,让其明白饮白开水的重要性及不喝水的危害,然后慢慢减少饮料的量,逐渐以白开水替代。实在是不愿意喝水的孩子,可能对于无味的白开水难以下咽,对策是:暂时什么液体都不给孩子喝,等他渴到一定程度时,自然会喝白开水,且这时饮水就不会觉得痛苦,相反,还会觉得很舒爽。经历几次以后,对水的感觉就会慢慢好转,也就容易接受了。对于不爱喝水的孩子还可以在饮水用具上做文章,买他喜爱的卡通图案或形状的水杯,用不同形状的吸管、勺子等,甚至用做游戏的方式,让孩子去触摸玩耍这些用具,使其先对用具产生兴趣,再给予饮水,可能使孩子更容易接受些。

4. 饮水时间不当

白开水不宜在饭前和饭后大量饮用。饭前大量饮水会占用胃容量,特别对于小婴儿,会使进奶量减少。饭后立即大量饮水会将消化液冲淡,不利于食物的消化及吸收。合适的饮水时间建议在饭后 1～2 小时(吃过咸、浓度过高等的食物及有食管炎等情况除外),平时也要每隔 1～2 小时提醒孩子饮水 1 次,至少保证在两餐之间及睡前喝水。

有的家长认为让孩子睡前喝水会增加孩子尿床的概率,且以往的观念都不主张睡前喝水,但现在的科学已逐渐认识到睡前喝水的好处。我们人体在晚餐后,随着食物的消化吸收,血液也一度地浓缩,再经过漫长的一夜,血液浓缩更为厉害,这也是心脑血管疾病为什么易在夜间发生的原因之一,所以睡前饮水可适当改观这种情况。但也不主张睡前大量饮水,因为我们肾脏的肾小管不仅承担着排水的功能,更承担着重吸收水分的功能,人体在夜间肾脏浓缩功能增强,可以使我们一整夜不用排尿,但喝太多水还是会使排尿增加,夜间排尿会使睡眠中断,影响睡眠质量。对于孩子,会增加尿床的概率,给孩子心里造成负担,所以,睡前可以饮水,但饮水要适量,根据年龄给予 50～200 mL 即可,具体的量可以慢慢试饮,直至磨合到不增加起夜的次数为佳。晚餐中所含的水量若充足,饮食清淡,也可不必给予睡前饮水。

以上这些都是理想状况,在现实中,我们很难每天都计算着去精确地控制饮水量,也没必要这样做。只要我们有意识去让孩子饮水,适当注意以上几个方面即可,因为人体是个适应力很强的机体,不会因一时的疏忽就造成很大的问题,真正出问题一定是我们哪方面的不良习惯长期太过极端而导致的。

譬如,有个高中生,学习非常刻苦,除了一日三餐及睡觉外,每日都在拼命地学习,家长长期疏忽孩子的饮水问题,从没有刻意让孩子在三餐以外另给予补水,致孩子每日尿量及次数很少。有时怕浪费时间,上厕所的时间都舍不得花,经常有憋尿现象。平时有个头痛、感冒什么的问题,能扛就扛着,或随便吃点药就应付过去,即使后来排尿已经出现了异常也在忍着,眼看着就快高考,怕去医院耽误了学业。等到高考前的某一天该学生突然晕倒了,到医院一查,已经出现了肾衰竭,到了尿毒症晚期,需要靠长期的血液透析甚至是换肾才能维持生命。这样的悲剧每日都在发生,血透室已经人满为患,肾脏更是稀缺资源,患者的发病年龄也越来越年轻化,不得不让我们警醒。导致肾衰竭的原因复杂,但如果我们能从小关注孩子的饮水问题,鼓励孩子不要憋尿,不滥用药物,有点小问题及时到医院就诊,不要因为怕影响学业而将小问题拖成大问题,或许这样的悲剧能少一点。

五、少食、挑食的问题应对

少食、挑食会致孩子营养不足而影响其生长发育,如果有该问题存在,要及时地给予校正。有的家长说:"我们认识到这个问题了,但无论怎样,他就是不吃,没办法!"那么,我们首先要分析孩子不爱吃饭的原因才好采取相应的对策,具体分析如下。

1.孩子吃零食太多

家长可能会无节制地给孩子吃零食,使孩子对正餐的食物不感兴趣。这种情况要尽快让家里不合适的零食消失。去超市也要控制住购买欲,如果孩子看到零食就要买,那就让孩子避开勾起欲望的场所。其实有时考验孩子的意志力也是在考验家长的意志力,家长意志力不强,孩子的意志力自然也会弱,所以家长要有狠心。断了零食,孩子开始可能会有痛苦和哭闹,可以用其他玩具、游戏、寻找玩伴或变换场所来分散孩子的注意力,待时间久习惯了自然也就不想了。必要时断掉所有零食,可以用自制的米和面为主的清淡的零食来代替购买的零食,以避免购买的零食口味诱惑力太强而上瘾难断。让不合适的零食消失,在执行的度上可以循序渐进,从零食的量和品种上慢慢减少,让孩子慢慢适应,以免太过极端让孩子无法接受而产生逆反心理。

2. 孩子对家长的烹饪手艺不太满意

这种表现为孩子在家不爱吃饭,一去饭店或其他家庭吃饭就很香。有时可能是家长所做的菜品过于单一,或家长在烹饪方面确实不太擅长等。这就需要家长在正餐的色、香、味上下功夫了,特别是色和形上。譬如,可以把食物做成各种卡通图案;不爱吃菜的孩子,可以把菜做成包子馅、饺子馅等;换着花样把不爱吃的菜、肉切碎放在米粥或面条内一起煮或做成各种炒饭、炒面等,试试孩子的进食是否会有所改善。为了孩子的健康,必要时可能需要求助于他人。

3. 强迫孩子进食

有的家长习惯硬塞食物给孩子吃,即使在孩子并不饥饿时,这样会导致孩子很少有饥饿感,进而影响其对食物的渴望和兴趣。孩子有时只是迫于家长的压力而勉强接受食物,这样会让孩子因对家长的不满而表现为对进食的反感,随着孩子年龄的增长,胆量的增加,继而演变为少食、挑食的现象,这种情况就需要家长做出校正,孩子不饿的时候绝不要勉强给其喂食。有的家长说:"我们家孩子,如果我不强喂,他可以一直不吃饭!"这种情况从生理角度讲,如果不是孩子生病了真的吃不下去,他是不可能做到一直不吃饭的。一般来说,孩子一顿不吃,过不了多久就会喊饿了。如果孩子真的一直不吃饭,就要去寻求医生的帮助了。

4. 孩子的心理问题

有的孩子经常发脾气,使心火上升,食欲随之下降。对于爱发脾气的孩子,多找找孩子发脾气的原因,打开心结,才能彻底解决该问题。这个需要家长掌握一些心理问题应对的技巧(具体技巧见第一章第七节内容)。还有的家长,在孩子进食前后,经常给予孩子一些不良刺激,譬如,辱骂、批评等,使其注意力不能集中在食物的色、香、味上,负面的情绪更降低孩子的味觉与饥饿感,长此以往,孩子把进食与痛苦联系在一起,就会导致其对进食的兴趣降低!所以我们在孩子进食前后,避免一些负面的刺激,多用表扬的、肯定的、温和的言行,慢慢改善对孩子的不良影响。如果孩子因为情绪不吃,可以让他先饿着。对于没有基础疾病的孩子,饿一两顿一般不会出什么问题,等到他愿意吃饭时,一定会觉得饭很美味。但还是要提醒一下,注意进食时间的合理性,不要太迁就孩子,让他们养成跟家长一起正餐时间进食的习惯很重要。

5. 孩子的认知不足

很多孩子并不知道进食的意义及平衡膳食的重要性,家长一定要多跟孩子灌输相关的知识,让他知道我们人为什么要进食,不进食、少食、挑食的后果是什么。譬如,会导致长不高个子,会导致维生素缺乏而使抵抗力下降,会导致不聪明、不漂亮甚至生病等,这些道理有时孩子不能完全听懂,但随着年龄的增长,多少会接纳一些。如果不跟孩子讲这些道理,孩子就可能真的不懂。

如果以上办法都不能改善少食、挑食问题,那就需要求助医生了,看是不是消化不好,是不是有其他的健康问题影响了食欲,是不是牙齿问题等,应及时检查,及时治疗。

最后还要提醒一点:家长觉得的孩子少食是不是真的少食?有可能是对孩子的进食量期望值过高。一般我们判断孩子的进食量是否充足,只要观察孩子的身高、体重是否达标即可。如果孩子在标准身高、体重范围内,一般就不用太担心了。

六、暴食导致过胖的问题应对

1. 暴食的原因

寻找孩子暴食的原因,总结有以下几种。

(1)家长有强制孩子进食的习惯,或孩子本身对食物的需求量过大,家长又不懂得控制,使孩子的胃容量相对扩大。

(2)进食次数太多,或零食吃太多,导致每日进食总量太多。

(3)可能患有糖尿病,特别是家长有糖尿病史的患儿,患该病风险大。

(4)心理因素,如发泄性进食,因对环境或人员等的不满而通过进食进行心理补偿。

2. 应对措施

针对原因,进行以下的应对措施。

(1)家长要提高认知度。现在体重超标的孩子越来越多,其中多数孩子的家长也是处于肥胖状态。曾有一名患儿在住院期间,护士已向家长宣教过要给孩子清淡饮食,但在早晨查房时还是看到奶奶硬塞了个油炸鸡腿给孩子吃。很多家长从心理上会觉得孩子胖点好,可爱、抵抗力也会强。但抵抗力真的会强吗? 其实过胖对孩子的危害会很大。孩子的营养确实是够用了,但所有重要脏器的负担也会随之加重,心脏需要更强的收缩力泵出更多的血液;肝脏需要更强的解毒能力去解毒更多的食物;肾脏需要更强的过滤能力去排除更多的代谢废物等。还有越胖的孩子运动反倒越会减少,因为体重偏重会使他们做同样的动作需要比正常体重的孩子花更多的力气。运动少了,体质也就得不到更好的锻炼。以上这些问题所导致的隐患,有时短时间内看不出来,但时间久了,各方面的问题就会逐渐产生。譬如,反应迟钝、智力减退、脂肪肝、性早熟等,今后患糖尿病、高血压、冠心病、肥胖症等的概率也加大。有些过胖的孩子还会遭到同龄孩子的歧视,在心理上会造成自卑或抑郁倾向。所以,家长们要认识到,保持标准体重是维持我们生存的最佳状态,要努力将孩子的体重控制在标准范围内才是对孩子的健康负责。

(2)控制孩子进食量。计量孩子每餐量,然后每餐减少一点点,让孩子在不知不觉中适应餐量减少,不适合一下减太多,孩子会因不满足而进餐更多。鼓励大点的孩子主动参与到控制饮食过程中,首先让孩子自己认识到过胖可能带来的危害,然后制订具体可行的措施,进行节食计划的实施。

(3)让孩子远离食物,减少零食,通过游戏、旅游、娱乐等方式分散孩子的注意力,代替食物在孩子心中的位置,以减少进食次数。

(4)对于血糖较高的孩子,一定要控制含糖量较高的食物,主食量要减少。如果已患糖尿病,就要积极地治疗,肥胖会有改善。糖尿病的治疗,饮食控制是关键。

(5)对于心理补偿式暴食的孩子,需要找出其心理不满的原因,针对原因进行沟通与疏导,给予足够的关爱,再适当引导,控制进食量。

(6)增加强度较大的运动项目,最好是游戏式的运动,否则孩子难有较强的毅力坚持。

(7)家长要以身作则,树立好榜样,与孩子一道进行目标体重的控制,使孩子有坚强的后盾支持。

正常儿童身高、体重估计公式见表1-2、表1-3、表1-4。

表1-2 正常儿童体重估计公式(一)

年龄	体重(kg)
1~6个月	出生体重+月龄×0.7
7~12个月	6+月龄×0.25
2岁至青春期前	年龄(岁)×2+7(或8)

表1-3 正常儿童体重估计公式(二)

年龄	体重(kg)
3~12个月	(月龄+9)/2
1~6岁	年龄×2+8
7~12岁	(年龄×7-5)/2

表1-4 正常儿童平均身高估计公式

年龄	身高(cm)
正常足月儿出生	50
6个月前	每月增长2.5
6~12个月	每月增长1.5
1岁	75
2岁	87
2岁以后	每年增长6~7

孩子的身高、体重具体标准请参照国家或地区当年发布的标准,因为各地各时不同,会有微调。

第四节　妥善管理排泄问题

管理好了"入",下面也要管理好"出",使出入平衡,健康才能协调。出,主要指大便和小便的排泄。

一、妥善管理排便问题

大部分纯母乳喂养的孩子,大便呈金黄色,性状比较稀薄或者呈均匀一致的软膏样,略带有酸味且没有泡沫。母乳喂养的孩子通常新生儿期大便次数比较多,一天2～5次甚至7～8次,但大便量不会太多。随着孩子月龄的增长,大便次数会逐渐减少,2～3个月的婴儿大便次数会减少到每天1～2次。

奶粉喂养的孩子大便通常呈土黄或棕黄色,性状会相对稠厚或者如硬膏。有时会含有颗粒,味道相对酸臭,每天1～2次,没有明显的排便困难。混合喂养孩子的大便性状和次数大多介于纯母乳喂养和人工喂养之间。观察大便,要注意大便的次数、量、颜色、气味和性状等,要综合判断。

孩子逐渐长大,正常的大便次数是自每日不超过3次,至每3日排便1次的范围内。但对于孩子,不是绝对的。正常的性状是黄色成形便,小婴儿可以是软便或糊状便。排便方面,主要常出现以下问题。

(一)便秘

孩子超过3天不排便,或即使未超过3天就排便,但大便出现了干硬、有排便困难,甚至出现了大便带血等症状,都属于便秘范畴,需要采取应对措施。如果不去处理,长此以往,会形成习惯性便秘。有部分孩子虽然大便经常超过3天才排便,甚至有的达7天排便1次,如果大便不是特别的干燥,已做过检查排除了器质性病变,孩子的精神反应、进食情况都良好,体重增加正常,没有排便困难、腹痛、胀气等情形,一般不用担心,但需要重视。因为粪便在肠道内时间较久,不仅水分会被过多地重吸收,易致大便干结,且时间过久,粪便内的毒素也会被重吸收,对健康不利。所以,保持3天内排便 1 次,并保持大便不干硬,是孩子排便方面的最佳状态。对于孩子的便秘或排便困难,我们需要做好以下几个方面的调理,可缓解此症状。

1. 饮食调理

给孩子建立规律的饮食习惯。在饮食的量和结构上参照第一章第三节内容供给孩子,特别是保证主食的摄入量。适当增加粗纤维食物的摄入,不宜经常吃太多精细食物。

多吃新鲜水果、蔬菜,少吃易上火的食物,如油炸、辛辣刺激性、大荤油腻等食物。

少吃易上火水果,如龙眼、车厘子、荔枝、橘子、榴莲等,可以吃苹果、梨、橙子、香蕉、西瓜等常见水果,山竹又叫水果皇后,是降火之王。

另外,要注意水分的补充,喝水过少是导致大便干结的重要原因之一。纯母乳喂养的孩子一般情况下不用额外添加水,但喂奶粉的孩子要注意水分的补充,在餐后 1 小时左右适量喂温白开水为佳(水量供给参照第一章第三节"合理饮水"的内容)。有些孩子在进食某种品牌的奶制品后容易导致便秘,可以试着更换奶制品的品牌看看排便是否会好转。

2. 排便习惯的养成

有很多孩子是因为没有建立良好的排便习惯而致便秘。孩子在玩心很重的时候,有便意会刻意忍耐,一旦过了便意,可能就会越拖越久。还有的孩子是进食量过少,致便意较浅,家长再不有意去引导,也会导致排便间隔时间拉长。

家长要养成每日定时引导孩子排便的习惯,即使孩子没有便意也要鼓励其排便,把一把,或在马桶上蹲一蹲,排不出来也没有关系,至少使孩子的脑中慢慢建立每天需要排便的这一概念。试排便的时间不要过长,5～15 分钟即可。到时间仍无大便排出就停止让孩子继续排便。过程中避免孩子边玩耍边排便,会干扰孩子的便意。也避免态度强硬使孩子有反抗心理,以后孩子会将故意不排便作为对家长的反抗。

3. 创造有利的排便环境

孩子有可能对排便的环境或设施不满而不愿意排便,这种情况可以改善排便的环境或设施。在条件允许的情况下,在孩子超过3天仍未排便时,家长可以努力给孩子营造一次较满意的排便环境。譬如,有些公共厕所或农村的非水冲式蓄便厕所等的卫生状况让孩子害怕或排斥,可以用旧报纸等铺在干净、通风的非公共场所,临时为孩子改善排便环境,之后再努力让孩子慢慢适应环境。条件允许时可给孩子买儿童专用排便器具,让孩子自己选择器具,可增加孩子对排便的兴趣,以促进其排便。

4. 适当的腹部按摩

排便困难的孩子可给予其腹部按摩,以促进肠蠕动。方法如下:用温暖后的手在腹中央(为小肠的位置)顺时针轻柔按摩,再按右下腹—右上腹—上腹部—左上腹—左下腹(为大肠的位置)的走向进行顺时针按摩。脐带未脱落的孩子注意避开脐部。按摩小婴儿腹部时,家长可用指腹;大点的孩子家长可用掌根或掌心按摩。按摩时动作切记要轻柔、缓慢。建议采用以下按摩手法:手与孩子的腹部皮肤紧贴,按住皮肤,按摩一个部位时不在皮肤上滑动,稍深按摩,按上述的顺序每个部位按5次左右,可有效地推动肠内的排泄物向大肠移动。也有主张采用在腹部皮肤上顺时针滑动的手法,这是种穴位的触动,但不了解穴位者,不建议采用此种手法,效果可能欠佳,且家长粗糙的手掌反复在孩子娇嫩的皮肤上滑动还会导致孩子不适。

如果经以上方法处理后仍然无法排便者,需要使用开塞露塞肛或灌肠等措施促进排便。新生儿超过3天不排便很容易导致黄疸或使原有黄疸加重,所以一定要处理。可采用肛门刺激法,消毒极细软管沾石蜡油轻轻稍插入肛门转动,也可注射少量石蜡油通便。以上操作要到医院由专业人士操作,或经专业人士亲手教过才可自行操作。

如果孩子反复便秘,要去医院就诊,排除腹部先天性或后天性疾病。

（二）腹泻

新生儿 1 日可排便 6~8 次;6 个月内未添加辅食的孩子每天可排便 1~6 次;6 个月以上的孩子,每天大便不超过 3 次,只要大便的量不太多,性状无异样,都可视为正常。但如果大便次数增多,性状变稀,甚至呈水样,就是腹泻了。孩子腹泻的常见原因及应对措施总结如下。

1. 腹部受凉

家长常会发生的疏忽及应对措施如下。

（1）孩子的贴身衣服为开衫,常使腹部暴露。脐部是人体腹壁最薄弱的地方,脐部受凉会导致肠蠕动加快而致腹泻。

对策:最好将孩子的衣物改为非开衫,或至少使上衣的下面开着的地方能盖住整个腹部。

（2）孩子的上衣不够长,将孩子由腋下抱起时,上身拉长,脐部就暴露。

对策:给孩子买衣服时,可以选上衣尺寸比实际大一码的,这样长度够了,就不会使腹部暴露了。

（3）为孩子清洁臀部时家长会将腹部及下肢都暴露在寒冷的空气中而致腹部受凉。

对策:要么提高室温在 28 ℃以上,要么减少暴露的部位和时间。快速清洗后穿上衣服,不方便清洗时,可用柔巾纸沾温水轻擦拭来清洁臀部。

（4）天冷未及时给孩子添加衣物。腹部、下肢、足部未给予足够的保暖,会导致肠蠕动加快,特别是足部,俗话说"寒从底来",易致寒气上传致腹部。

对策:参照"冷暖判断"章节的处理方法给孩子正确的穿衣。

2. 喂养不当

家长常会发生的疏忽及应对措施如下。

（1）给孩子喂养时未注意手、乳房、奶瓶、餐具的清洁。

对策:注意餐具的卫生。餐具清洁要及时,特别是奶瓶,有剩余的奶不及时清洁,会导致不容易清洗干净。对于抵抗力弱的孩子,奶瓶清洗后煮沸消毒或开水烫洗为佳。母乳喂养的孩子,喂奶前后还要注意乳房的清洁。建议用专用消毒小毛巾或小纱布轻擦洗。注意手的卫生。每次饭前、喂奶前要清洗双手。母乳喂养时,要保持手的清洁。

（2）奶粉质量、浓度、温度不当,食物的种类及烹饪不当、品质不佳等。

对策:奶粉要严格按浓度配比要求配制。配方奶是根据孩子的肠道特点而配制的,不可随意地增减浓度。奶粉温度要合适,可以放在手腕试试是否与皮肤温度相近。过冷会导致肠蠕动加快而易致腹泻。有条件时,可以使用温奶器,能准确给予孩子合适的喂养温度。提供给孩子的食品要注意有效期,最好是提供新鲜的食品。还要注意烹饪技巧,少放调味料。要根据不同年龄段采取不同喂养方式,具体喂养详见"合理的喂养"章节内容。

以上原因导致的腹泻,通过及时的校正措施,一般症状会好转。如果大便次数过多、量大,孩子有精神、进食异常,或发生粪便颜色、性状、气味等其他异常时,需要及时到医院就诊,进行粪便化验检查,那样可以准确地分辨粪便异常情况。必要时会进行血液检验、胃肠道超声、内镜等其他辅助检查方式。如果发生了细菌、病毒等感染,患有其他器质性疾病等,要及时地进行治疗。

二、妥善管理排尿问题

新生儿一般在生后24小时内排尿,如果生后48小时内无尿,需要排查原因,看是否是喂养量不足,或有其他先天性疾病等。新生儿可以在每次喂奶后排尿,所以排尿次数较多。纯母乳喂养的孩子如果每天能保证8～12次的喂奶,每次喂奶20～30分钟,供给的水量就会充足。奶粉喂养的孩子需要在两次喂奶之间增加喂水量。

随着年龄的增长,孩子的排尿次数逐渐减少,但一般不得少于6～7次/天。正常情况下,排尿量与摄入的液体量是成正比关系的,进水量多,排尿就会多,但出汗、呕吐、腹泻等情况会导致尿量相对减少。排尿次数减少常与进水量不足有关。如果进水后尿量仍不改善,或出现进得多、排得少,或进得少、排得多等情况都是异常。

还要注意尿液的颜色、性状等有没有异常。有异常要及时到医院就诊。

尿液出现混浊，可能是进水量过少，还可能是发生了感染等问题。对此，除了积极找医生治疗外，要保证足够的进水量，还要注意会阴部的清洁，特别是在每次排便后。用尿布的孩子还要注意尿布的及时更换。

尿、粪这两个排出道的管理是非常重要的，不可忽视，量出为入，出入平衡了，才会健康。

第五节　适度运动

一、儿童运动的好处

（1）运动能全面提高儿童身体素质，并强化骨骼、血管和关节等，有效降低儿童患上高血压、心脏病等的概率。

（2）运动可促进儿童大脑发育，提高儿童身体调节、平衡、反应、灵敏度、运动技巧等的发育水平。

（3）运动有助于儿童提高心理健康水平，使儿童更有自信、行动上独立自主、做事情更有效率。运动好的儿童更有社交能力、更受同伴欢迎、未来更善于处理人际关系。运动让孩子们身心放松、心情舒畅。

二、国际公认的十大最佳儿童运动项目

1. 攀爬运动

攀爬运动，需要手、脚、眼及身体的综合配合，可调动全身的各个部分协调运作，促进孩子身体的协调性，使他们的身体更灵活，反应更敏捷。每当孩子攀爬到一个新地方，由于距离高度的变化，给孩子的视觉带来新的感觉和体验，既有助于培养孩子的空间概念，又有助于孩子从新的角度去观察环境。

2. 户外奔跑

儿童不适合进行长跑训练，有的家长让孩子跟自己进行长跑，

是不太合适的,儿童只适合自由的嬉闹式奔跑,比如追逐玩耍、抓人游戏等,时间不要太久而致过度疲劳,具体时间要根据孩子的体力及健康状况而定。孩子出现满头大汗时应让其适当休息。

3. 球类运动

譬如,足球、篮球、羽毛球、乒乓球等。各种球类运动都有利于儿童全身发育,但学龄前期儿童进行球类运动时不宜强度过大。

4. 障碍游戏或"探险"类游戏

包括走独木桥、翻滚、躲闪等,是一类综合性项目。

5. 精细动作

譬如,搭积木、抓取小球等。有利于孩子双手协调能力的发展。

6. 有氧健身操及舞蹈

适当的健身操及舞蹈类训练有助于孩子的形体发展。通过音乐与舞蹈动作的和谐达成动作协调性的训练,还有助于锻炼肢体的灵活性、柔韧性,培养审美情感,提高身体素质。

7. 团体规则游戏

通过团体游戏使儿童学会以适当的方式与他人积极相处的能力,有效地培养孩子的团体协作能力,还能发展儿童天生的好奇心,锻炼他们解决问题的能力,培养自主性。

8. 幼儿游泳

幼儿早期接触游泳能有效地刺激人体各系统,促进幼儿大脑、骨骼和肌肉等的发育,激发幼儿的早期潜能。但需要注意游泳过后及时披上浴巾保暖,特别是在环境温度不高时,以免着凉。

9. 皮划艇运动

儿童通过坚持皮划艇练习、敞开心扉倾听教练的教导等,会成长为一个健康又快乐的小桨手。但国内该运动普及率较低,仅供参考。

10. 帆船运动

OP级帆船是帆船级别中最小的帆船,是一种小型单人操作的帆船。OP级帆船运动可以锻炼孩子的独立动手能力,提升孩子平衡力、协调性,提高判断力和应急处理能力,以及对环境的适应和驾驭能力;还能培养孩子新的生活运动方式,使其感受到运动带来的快乐,培养其良好的乐观积极的态度。但国内该运动普及率也较低,仅供参考。

三、运动注意事项

孩子运动时要注意以下几点。

1. 鼓励调动孩子运动的积极性

对于不爱运动的孩子家长要鼓励孩子运动。可以给孩子买运动性的玩具,找爱运动的玩伴,带出去散步、骑车、旅游等,调动孩子运动的积极性。

2. 注意给运动过多的孩子补水

对于运动过多的孩子家长要注意过度疲劳会导致抵抗力下降的问题。譬如,孩子到游乐场有时玩一整天都不愿停歇,就算一直出汗好像也不觉得累。这种情况家长要注意,至少1小时左右要让孩子坐下来歇一歇,喝点水补充一下丢失的水分。运动会导致孩子不停地出汗,头上及身上的汗要及时擦干,使用吸汗巾时,湿了要及时更换。运动过多的那天晚上尽量让孩子早睡,以尽快补充体力。

3. 选择孩子喜爱的运动

给孩子建立规律的运动计划是有利的,但孩子的意志力不强,会坚持不了,家长需要给孩子精神支持,并做好榜样与孩子一起运动。最棒的方式是寓教于乐,探索孩子的乐趣,选择孩子喜爱的方式进行运动。习惯性地运动会使孩子的身体素质逐渐增强,抗病能力也会增强。

4. 选择适宜的运动

要根据孩子不同的年龄段选择合适的运动。过早地进行不适宜的运动,尤其是过量的运动,不仅无助于生长,而且会影响发育。孩子5~7岁以后,身体运动功能才真正开始向成熟发育,才是进行某些运动的合适时机,这种发育有人快、有人慢,一定要因人而异。

5. 选择安全性高的运动

给孩子选择安全性高的运动种类、运动器具及运动环境,在运动过程中要时刻注意保护孩子,提高警惕,预防一些意外伤害的发生。

另外,多给孩子自己玩的空间;少抱孩子,多让其自己运动;禁止长期站于软床、沙发、大腿等上面;尽量穿硬底鞋;不趴睡、不跪坐、不盘腿坐等,以保障肢体的正常运动发育。

还有,在冬天,孩子因穿得过多,会影响肢体活动,使运动能力减弱,这种情况不用担心,待春暖花开后,孩子的衣着压力释放,立马会恢复其运动天赋。但要注意冬天过厚的尿不湿使孩子两腿不能长期并拢而致的下肢发育异常,选择尺寸合适的尿不湿并注意及时更换是关键。要给孩子按时进行规律的体格检查,发现问题,及时就诊,及时校正。儿童神经精神发育进程见表1-5。

表1-5　儿童神经精神发育进程

年龄	粗细动作	语言	适应周围人、物的能力与行为
新生儿	无规律、不协调动作;紧握拳	能哭叫	铃声使全身活动减少
2个月	直立及俯卧位时能抬头	发出和谐的喉音	能微笑,有面部表情;眼随物转动
3个月	仰卧位变为侧卧位;用手摸东西	咿呀发音	头可随看到的物品或听到的声音转动180°;注意自己的手
4个月	扶着其髋部时能坐;可在俯卧位时用两手支持抬起胸部;手能握持玩具	笑出声	抓面前物体;自己玩弄手,见食物表示喜悦;较有意识地哭和笑
5个月	扶其腋下能站得直;两手各握一个玩具	能喃喃地发出单词音节	伸手取物;能辨别人声;望镜中人笑
6个月	能独坐一会儿;用手摇玩具	—	能认识熟人和陌生人;自拉衣服;自握足玩
6~7个月	会翻身,自己独坐很久;将玩具从一只手换入另一只手	能发"爸爸""妈妈"等复音,但无意识	能听懂自己的名字;自握饼干吃

续表1-5

年龄	粗细动作	语言	适应周围人物的能力与行为
8个月	会爬;会自己坐起来、躺下去;会扶着栏杆站起来;会拍手	重复大人所发简单音节	能听懂自己的名字;自握饼干吃
9个月	试独站;会从抽屉中取出玩具	能懂几个较复杂的词句,如"再见"等	看见熟人会手伸出来要人抱;或与人合作游戏
10~11个月	能独站片刻;扶椅或推车能走几步;拇指、示指对指拿东西	开始用单词,一个单词表示很多意义	能模仿成人的动作;招手、摆手"再见";抱奶瓶自食
12个月	独走;弯腰拾东西;会将圆圈套在木棍上	能叫出物品的名字,如灯、碗;指出自己的手、眼	对人和事物有喜憎之分;穿衣能合作,用杯喝水
15个月	走得好;能蹲着玩;能叠一块方木	能说出几个词和自己的名字	能表示同意、不同意
18个月	能爬台阶;有目标地扔皮球	能认识和指出身体各部分	会表示大小便;懂命令;会自己进食
2岁	能双脚跳;手的动作更准确;会用勺子吃饭	会说2~3个字构成的句子	能完成简单的动作,如拾起地上的物品;能表达喜、怒、怕、懂
3岁	能跑;会骑三轮车;会洗手、洗脸;脱、穿简单衣服	能说短歌谣,数几个数	能认识画上的东西;认识男、女;自称"我";表现自尊心、同情心、害羞
4岁	能爬梯子;会穿鞋	能唱歌	能画人像;初步思考问题;记忆力强、好发问
5岁	能单足跳;会系鞋带	开始识字	能分辨颜色;数10个数;知物品用途及性能
6~7岁	参加简单劳动,如扫地、擦桌子、剪纸、做泥塑、结绳等	能讲故事;开始写字	能数几十个数;可简单加减;喜独立自主,形成性格

注:"—"表示无内容。

第六节　保证充足的休息与睡眠

孩子长身体,需要充足的休息与睡眠。刚出生的孩子,除了吃就是睡,随着一天天长大,孩子的睡眠时间逐渐缩短,直至慢慢形成类似成人的生物钟。

人体睡眠的最佳生物钟时间是晚上 9～10 点。晚上 9 点最佳,最迟不要超过夜里 11 点。有很多家长都有夜生活的习惯,不到夜里 11、12 点不睡觉,然后会问我:我们家的孩子每天都习惯很晚睡觉怎么办? 其实这个习惯是家长养成的,如果想改变,还得从自身做起。如果家长确实需要夜生活,那么请晚上 8 点多给孩子洗漱完了,晚上 9 点前上床关好灯陪孩子一起睡,待孩子睡着了家长们再起来开始自己的夜生活,互不干扰。这样才能保证孩子拥有充足的睡眠。

建立良好的休息与睡眠习惯的具体方法如下。

1. 早睡早起

没有一个早睡习惯的后果是三餐最先受到影响。如果第一天晚上迟迟不睡,次日早上一定起不来,8 点前该完成的早餐要 9、10 点才完成,那么到了中午 11、12 点该吃午餐的时间还不饿,午餐可能拖到下午 2、3 点,结果该吃晚餐又吃不下了,这样孩子一天的生活规律都打乱了,家长们因为孩子的不按点吃饭,又要多出几顿单为孩子再做饭的时间,大人的生活也被打乱。日复一日,长此以往,孩子带不好,家长也疲惫不堪。所以按时早睡是保证第二日正常进餐规律的基础。进餐正常了,其他生活规律也容易正常。

2. 适当午休

中医认为 11 点至 13 点是心经最旺之时,所以在此期间午睡可以养心。孩子经过一个上午的运动,身体会所有疲劳,如果中午能适当地午睡,可为下午的活动和学习补充体力。对于夜间睡眠不足的孩子,也可使身体得到补充式休息。但要注意,午睡时间不可过长,30 分钟至 1 小时为佳,睡过久,人体反倒会更没力气。

【中医的十二时辰与脏腑对应关系】

在此特做介绍，以让大家了解时间与健康之间的关系，特别是睡眠与健康的关系。

1.子时(23时至1时),胆经最旺

子时属鼠,此时夜半更深,老鼠就会偷偷出来活动,将天间的混沌状态咬出缝隙,因此有"鼠咬天开"之说。《黄帝内经》说:"凡十一脏取决于胆。"意思是说胆气若能顺利升发,人体各个脏腑就会正常运行。子时,阳初升。由于阳气刚升起时是最微弱的,所以此刻最需要保护,而睡眠就是养阳最好的办法。子时也是一天当中太极生命钟的阴极时候,阴气此时最重。而阴主静,人体顺应阴阳消长的规律就应当静卧以养阳。现代很多年轻人习惯熬夜、吃夜宵,或从事各种娱乐活动,这样就会对胆腑造成很大的伤害。阳气升不起来,各种疾病也就接踵而至了。凡在子时前1~2小时入睡者,晨醒后头脑清晰、气色红润。反之,经常子时前不入睡者,则气色青白,特别是胆汁无法正常新陈代谢而变浓结晶,易形成结石一类病症。

2.丑时(1时至3时),肝经最旺

肝藏血。人的思维和行动要靠肝血的支持,废旧的血液需要淘汰,新鲜血液需要产生,这种代谢通常在肝经最旺的丑时完成。《素问·五藏生成》说:"人卧则血归于肝。"通过睡眠可让肝血得到休养,使肝脏主疏泄、主藏血功能能得到正常发挥。如果丑时前未入睡者,血液不能很好地新陈代谢,会出现面色青灰,情志倦怠而躁,易生肝病。

3.寅时(3时至5时),肺经最旺

"肺朝百脉。"肝在丑时把血液推陈出新之后,将新鲜血液提供给肺,通过肺送往全身。寅时是人体气血从静变为动的开始。健康的人在寅时应该处于深睡状态,人体要通过深度睡眠来完成生命由静而动的转化。若睡眠充足,人在清晨起床后会面色红润,精力充沛。

4.卯时(5时至7时),大肠经最旺

肺将充足的新鲜血液布满全身,紧接着促进大肠经进入兴奋状态,完成吸收食物中水分与营养、排出渣滓的过程。寅时是正常排便时间,应该起床,积极进行户外活动和体育锻炼,如跑步、做操等,以促进肠道的蠕动,便于顺利地将积蓄了整个晚上的垃圾毒素排出体外。如果不早起,会导致阳气欲发而不能,化为内火上升,扰心、肺及脑,易引起烦躁、喉干、头昏、目浊等。中医认为"肺与大肠相表里"。肺气足,排便也会畅快。

5.辰时(7时至9时),胃经最旺

辰时气血流注于胃经,胃主受纳,腐熟水谷,为气血生化之源,人们需要吃早餐来补充营养。辰时脾胃功能最强,吃的早饭也最容易消化。很多人不习惯吃早餐,胃内食物经过一个晚上的消化,已全部排空,如果这时不进食,胃经气血就不能得到及时补充,那么胃气就不足,胃功能就会降低,表现出没有胃口、吃得少,或者吃完饭就会觉得胃部胀满不舒服的消化不良现象,甚至出现胃酸、胃痛等胃肠不适,常见于减肥人群。如果长此以往,胃气进一步损伤,就不能为全身脏腑提供所需要的足够能量,进而出现面色苍白、头晕乏力、失眠健忘等气血不足的症状。且"胃气一败、百药难施",胃不好的人,药吃下去,也难吸收,无法达到预期效果。胃火过盛,还会出现嘴唇干裂或生疮等问题。

胃病是"吃"出来的,当然还得靠"吃"来调养。只要遵循:该吃的时候吃、该动的时候动,该睡的时候睡,再注意饮食的种类、搭配和量,轻轻松松就能养好你的胃。山楂粥可健脾胃、助消化、清食积;小米粥也可开胃健脾。晚上热水泡脚后,喝一碗热气腾腾的煮得烂熟的小米粥,不论是产妇,还是老弱人群,既能开胃又能养胃,还有助于睡眠。

养胃还有一条非常重要的原则,就是要保持心情舒

畅。人生气时容易茶饭不思，或暴饮暴食，吃坏了胃，也吃坏了身体，形成恶性循环，快乐也远离。所以想一切都如意，先从善待自己开始。

6. 巳时（9进至11时），脾经最旺

脾主运化，主升清，能够把胃初步消化的饮食水谷，转化为水谷精微，再输送到全身，从而起到内外兼养的作用。"内伤脾胃，则百病丛生"，所以想要健康，首先要做的就是养好脾胃。饮食调理是首要，生冷油腻不易消化的食物要少吃。吃饭时狼吞虎咽、饭后马上洗澡或者运动、熬夜等习惯都是在对脾进行伤害。"脾主运化，脾统血。"脾是消化、吸收、排泄的总调度，又是人体血液的统领。中医认为："脾开窍于口，其华在唇。"脾的功能好，消化吸收好，血的质量好，嘴唇才是红润的。唇白标志血气不足；唇暗、唇紫标志寒入脾经。白扁豆、山药、薏苡仁（薏米）这些药食两用的食物，都具有补脾的功效，把补脾的粥作为早餐特别有意义。

7. 午时（11时至13时），心经最旺

中医认为："心主神明。"心藏神，肾藏精，精神状态的好坏，正是"心肾相交"的直接反映。心气推动血液运行，养神、养气、养筋。人在午时能睡半小时左右，可让忙碌了一个上午的心脏得到休息，给心脏减压，避免心脏过于劳累，而诱发心脑血管疾病。午休还可促进心肾相交，滋阴护阳，调养气血，振奋精神，可使下午乃至晚上精力充沛，但午休时间不宜超过1小时。

8. 未时（13时至15时），小肠经最旺

小肠可吸收食物中的精华，并将糟粕送入大肠与膀胱，以进行一天的营养调整。故人在下午1点前应吃完午饭，以利小肠在其功能最旺盛之时更好地吸收营养。另外，此时因营养物质入血，血液浓度会增高，所以在未时应及时补充水分，以达到保护血管的作用。以喝白开水及清茶为佳。

9. 申时(15 时至 17 时),膀胱经最旺

膀胱经从足部沿后小腿、后大腿、臀部致脊柱两旁向上,一直运行到头部,是人体的一条大的经络。申时无论是人的精神还是体力,都进入另一个强盛阶段,也是工作、学习及锻炼身体的好时段。

10. 酉时(17 时至 19 时),肾经最旺

中医认为:"肾藏精,为先天之本。"既主生长发育,又主生殖。人体经过申时泻火排毒,肾在酉时进入贮藏精华的阶段,此时宜减少外出与身体活动,不宜过劳,以养精蓄锐,保养肾脏。此时喝水也非常重要,可以帮助排毒,预防肾结石、膀胱炎等病症。

11. 戌时(19 时至 21 时),心包经最旺

《黄帝内经》说:"膻中者,臣使之官,喜乐出焉。"膻中就是心包,心包是心的保护组织,又是气血通道,像一个内臣,代心行事,表达着心的喜怒哀乐。同时它又是心的警卫员,代心受邪。心包经戌时兴旺,可清除心脏周围外邪,使心脏处于完好状态,提升心之正气。此时最好的调理方法就是与朋友、家人聊聊天、散散步,舒畅一下心情。心脏疾病患者可在戌时按摩心包经穴位来辅助治疗。

12. 亥时(21 时至 23 时),三焦经最旺

三焦经是六腑中最大的腑,具有主持诸气、疏通水道的作用。亥时三焦通百脉。人如果在亥时睡眠,百脉可休养生息,对身体十分有益。故,切莫晚睡,对身体损害太大。

第七节　促进健康的心理发育

一、心理与健康的关系

心理方面的内容,在这里我将作为重点来提,因为,孩子的心理

是最容易受家长疏忽的。心理对健康的影响很大,无论是成人还是孩子。中医提到情绪与五脏的关系:怒伤肝、喜伤心、忧伤肺、思伤脾、恐伤肾。所有的过激情绪对我们脏器的功能都会有影响。孩子被过度恐吓长大后会肾亏及生白发;整天胡思乱想会伤脾胃;整天脾气暴躁会伤肝等。且有了这些脏器疾病的人会更容易增加相应的情绪,形成恶性循环。在护理学的每一个疾病护理要求中,都有一段必不可少的心理护理内容,这也意味着心理对疾病的影响是广泛的,它几乎与每一个疾病都相关。心理的问题看不见、摸不着,有时又说不清,却时刻存在着。它的影响往往短时间看不出来,但在日积月累后,就会导致相应脏器的免疫力下降,而诱发一些躯体疾病的产生,相对使疑难危重病的比例也增加。同时,严重的心理疾病也日益增多。对于孩子的心理问题,经常有新闻报道:某些孩子因为一件小事就跳楼了,或发生离家出走、暴力事件、自暴自弃等问题,既棘手又让人痛惜。这些其实是我们对孩子心理方面疏忽的后果和代价。

二、"天使"变成"魔鬼"的原因分析

经常听家长说:"我们家这孩子天生就这臭脾气,这是他的本性,改不了!"事实是这样的吗?

让我们回顾一下,当初他们来到我们身边时,好像是那么的无瑕、可爱到让人萌化,相信每个父母都有过这种念头:宝贝就是坠入人间的天使!不管有多辛苦,都希望用最大的爱去抚育他们。但在我们与孩子长期的相处过程中,逐渐发现,问题怎么越来越多?孩子也越来越难管!有些孩子让家长束手无策,甚至达到抓狂的地步。那么这些"天使"是怎么变成让我们头痛的"魔鬼"的?

我们就要继续回忆一下,在孩子的整个养育过程中,我们有没有经常对他们随意呵斥、不尊重、大喊大叫、说话不算数、欺骗、隐瞒甚至大打出手?如果有,为何我们要像"魔鬼"一样对待他们?最多的理由就是:不听话!那么,孩子为什么会不听话?我们是否在拿着完美天使的标准去要求孩子样样做得好,一处做不到就会叨叨不停?我们是否对自己却用另一种宽容的标准去要求?对自己的

诸多毛病却置之不管？如果我们不能认识到自己的问题并很好地以身作则去改正，那么孩子对我们就会失去信任，出现叛逆的表现，这样的反抗其实是对我们的一种"不屑"和"鄙视"，我们应该感到羞愧和反思。可一旦孩子出现不听话现象，我们却打着为孩子好的名义，以语言或肢体暴力逼迫孩子听话，而不顾孩子的感受，最后可能把他们逼成了表面顺从的小绵羊，或者把他们逼成了叛逆的"魔鬼"。孩子的表面顺从也只是因为力量和地位与家长的暂时不均等而出现的无奈的妥协，但当他们逐渐长大后，终有一天会暴发出来、反击回来；或者变成难以治愈的心理疾病，最终把孩子逼成了异类的"魔鬼"。

再想想孩子又是怎样对待我们的呢？当初无论我们如何对他们，当我们有一丁点儿改善，他们就会仍然很亲热地叫着爸爸、妈妈，仍然想要我们一个抱抱，不计较、不抱怨。孩子不停地原谅我们一次又一次的粗鲁对待，因为他们希望用无私的爱唤醒他们的亲人。可我们却继续做着伤害他们的事而不知反省，直到他们对我们失去信心，最后表现出处处对抗和不服的境地。所以想反问一下，孩子和我们，究竟谁是"天使"？谁是"魔鬼"？孩子是无辜的，也是可怜的，生在什么样的家庭他们无法选择，他们只有默默地承受，默默地忍受。但孩子对我们却是宽容的，一点安慰，一点疼爱就会让他们把我们对他们的一切伤害一笔勾销。如此纯洁的天使，我们是否应该努力做点什么？

三、正视孩子心理问题的根源

有个家长一直抱怨说孩子经常"不按套路出牌"，不听家长的话，为此与孩子之间经常发生冲突，矛盾不断升级。后来通过一件小事剖析了问题的根源：一天，家长骑着电瓶车送孩子上学。所在车道上人很多，但对面车道却几乎无车辆，路中央无隔离护栏。遵守交通规则是家长一直跟孩子灌输的思想，但这次，为了赶时间，他选择了带着孩子绕到对面的道路上，快速逆行通过了那段拥堵的路段。表面看来，家长真"聪明"，可以巧妙地避开人群为孩子赢得时间。孩子看在眼里，如果很欣赏家长的做法，以后必定也会喜欢不按规则行事,因为可以快速达到目的,却可能是危险行为,但只要没发生过危险,孩子就无法认知到危险性。如果孩子谨记规则,认为逆行是违规的,就会对大人平时言行不一致的教育出现不认同心理,继而导致孩子不愿听话,而处处叛逆。这虽只是一件小事,但生活中如果我们处处这样不注意自己的言行,久而久之,孩子不听话也就在所难免了。

其实孩子是上天派来拯救我们的天使,是一面让我们能够看到自己问题的镜子。孩子身上的一切毛病都是家长身上问题的投射,不管家长愿不愿意承认和面对,这是个抹不掉的事实。只有首先认识到这点,才能让我们有勇气去正视问题的根源。人无完人,是人都会犯错,是人都会有那么一两个难改的毛病和问题。有时,正是这些难改的毛病和问题导致了孩子的严重问题。譬如,家长的绝对权威,神圣不可侵犯,错了也是对的,从不愿意在孩子面前承认错误,也不知悔改,使孩子学会了知错不改的毛病;再譬如,家长的知识不足时,不去思进,不带着孩子一起学习,却对孩子的各种问题随意地回答或不耐烦地恼怒,使孩子不满而发脾气,或以后再不想也再不敢询问,遏制了孩子求学上进的潜力等。有时,我们知道自己身上的问题却无法克制和改正,最糟糕的是有时我们连自己的问题都看不清,认为孩子的问题都是孩子本身的问题。还有时可能是不愿意面对,采取了逃避现实的方式。

当我们对孩子束手无策时的反应,也是对自身问题无法校正的焦躁。作为家长,在对待孩子的道路上,笔者也经常反思,就像很多家长一样,每次粗鲁地对待自己的孩子后,都会痛苦,后悔自己为什么不能克制一点儿、耐心一点!所以,连我们自己有时都克制不住自己,又能指望孩子有多大的克制力?

如果我们的孩子有很多心理问题,要想让孩子改变,一定先从家长自身的反思着手。但心理上的问题,如果是非专业人士,很难掌控。如果从心理上无从下手,那么下面给大家介绍一些应对方法。

四、心理问题的应对技巧

(一)营造良好的家庭氛围

一个没有良好家庭氛围的孩子,心情常是郁闷的,总是陷在家庭矛盾的漩涡中。即使有的家长觉得已经很照顾孩子的感受了,但只要家里有人不幸福,孩子敏感的小心思都能察觉到,虽然他们不会表达或不愿表达,但他们会时刻保持高度的警觉,生怕家庭有什么变故,生怕何时会危及到自己。这里讲一个常发生的场景:爸爸妈妈当着孩子的面吵架或暴力时,孩子在一旁玩玩具,自己玩自己的,装着什么都没看到,什么都没听到。其实,他的余光在看,他的耳朵在听。他表面平静,其实内心紧张,不知道发生了什么,也不知将要发生什么,但预感到一定是不好的事情。两个大人还接着吵,吵到一定时间,孩子可能就开始哭和闹了,他的潜台词是:"你们吵什么吵!我快受不了了!你们能不能顾及一下我的感受!"这时,家长在气头上,孩子再这么一闹,更生气了,可能顺手就揍孩子一顿。这时孩子的心态是非常崩溃的,对于家庭矛盾,他的无力感,他的不被重视感,会变成一道心理的伤疤,如果家长事后再不去安抚和有效沟通,可能会成为孩子长久的心理阴影。经常还会有家长自己心里不痛快时,拿孩子撒气,甚至有的家长把一切矛盾转嫁到孩子身上,对孩子的心理成长都是极大的打击。

当然,不吵架的家庭是很少的,我们也不主张把孩子装在真空里,应该有意地让孩子参与家里的事,这是件接地气的事,利于孩子成长。但是,我们应该适当顾及一下孩子的感受,家长争执时的目的要以解决问题为主,而不要以攻击羞辱对方为主。争执完了及时给予孩子安抚,必要时给孩子讲解为什么会发生争执,为了解决什么问题,又是采取什么方式解决的,解决的结果又是如何,让孩子参与其中,明白一切。这不仅能减少孩子恐惧,还会教他处理矛盾和问题的方法。当然这里要做到对事不对人,如果有抱怨攻击等,会使孩子的价值观混乱。再者,如果家里经常发生这种情况,孩子的性格发展可能会受到影响,长期的心理压力,也必定会投射到孩子的身体上,产生这样那样的病症。

所以,如果想让我们的孩子健康成长,给他一个良好的家庭氛围是必不可少的条件之一。给孩子营造一个和谐、快乐、向上的家庭氛围对孩子心理的健康成长非常有益!

那么,如何营造一个良好的家庭氛围? 在我们中国的家庭中,老一辈表达爱的方式,笔者会戏称为"粗鲁的爱",一句"我爱你"会让他们鸡皮疙瘩掉满地。对家人的爱只知道行动付出,从不习惯语言表达,伤人的话倒是脱口即出,互相之间很随意。相敬如宾在我们中国的家庭中很少见,偶尔有个,还会被看成不正常。我们常犯的问题就是:对外人很尊重,很懂得礼貌用语,对家人却会很粗鲁。因为有个理念:我们是一家人,有什么不能说的! 不能随便说还叫一家人吗? 电影《我的野蛮女友》曾风靡一时,也被很多现代女性所推崇,笔者虽也是女性,但很反对这种野蛮的做法。男人不被尊重,时间短了可能因为爱而包容,时间长了谁都会受不了,有时在长期的压抑下还会出现一些极端的心理问题,如逃避、暴力或冷暴力、逆返等。还有些大男子、大女子主义的一方,什么都要求对方听自己的,另一方常显得弱势,对于强势方不敢明着反抗,但会产生软抵抗,慢慢使两个人的心越来越远,隐形的矛盾也会增加。随着文明程度的提高,年轻人在家庭内的关系虽有改善,但还是不那么理想。可能受老一辈文化的影响,也可能是价值观的偏离,很多东西都觉得习惯了,是自然现象,不必去在意。但是,即使你视而不见,问题一直存在! 那么,应该如何去做? 有些认识可能需要改变。

在家里,每个人的地位都应该是平等的,每个人都应该尊重彼此和被尊重。家庭的文明,应该先从礼貌用语说起。礼貌用语的习惯使用是一种互相尊重的体现。据统计,一个家庭里,成员之间互相尊重的越多,这个家庭越容易和谐相处,幸福指数也越高。那么礼貌用语在家庭中如何运用? 下面来一一举例说明。

1. 请!

我们在家中让家人帮忙常习惯用命令式的语气,而且稍有怠慢就会责骂家人,特别是对孩子:"把那个给我拿过来!""快点呀! 怎么这么慢!"让我们试着换个温度说话:"宝贝,请帮妈妈把那个拿过来好吗?"是否感觉温柔了三分。如果平时急躁的你,忽然这样对孩子说话,他的舒适度会立马增加。如果多增加几次这种对话,可能他的小心心就会开花了,那么你叫他帮忙他就会变得乐意且积极了。但要注意一点,请孩子帮忙时要观察一下孩子在干什么,如果他正在干一件他觉得很重要的事情,那请不要奢望他能及时回应。譬如,他正在专心地玩玩具,在家长看来,孩子只是在玩,但对于孩子,他可能正在构思一个画面,做一件费脑费神的认真的工作,他非常怕打扰,也可能因为太专注,对你的话听都没听到。就像如果我们在做一件费脑费神的事情时也会非常不情愿被别人打扰,也会听不到别人说话一样,如果你叫他帮忙,态度又不那么好,孩子自然会烦躁。放在成人之间,我们这样打扰别人是一件不礼貌的事情,不是吗?所以,如果能多从孩子的角度去理解他,也许你就不会那么急躁了。如果孩子已经对我们采用了命令式的口气,那么得重视了,时间久了养成习惯可就不好改了,要尽快带着孩子与我们一起改正。首先要让孩子知道,命令式口气对别人,是一种不尊重别人的行为,其次以身作则,慢慢养成习惯。

2. 谢谢!

在家庭中,经常有人会把对方的付出当成是理所当然的。其实在世上,可以绝情地说:"谁都不欠谁的!没有谁应该对谁好!"所以别人对我们的好,我们应该要有感激之情。感激可以用行动来表示,但最简单的"谢谢"两个字我们却不习惯去说。一句"谢谢"可以给予付出艰辛的人很大的安慰。对于孩子,多教他说"谢谢",是为了避免让孩子觉得一切是理所当然的,可以让孩子拥有一颗感恩的心。缺乏感恩,孩子会变得麻木和自私。感恩的培养让我们从"谢谢"开始。教孩子说"谢谢"最好要具体一些。譬如,妈妈做了一桌子的菜,爸爸教导的台词可以这样:"哇,妈妈做了那么多好吃的菜,妈妈辛苦了!我们要谢谢妈妈!"然后可以顺道讲解一顿饭是怎么做成的,从买菜、洗菜、切菜、炒菜、烹饪技术等过程进行一一描述,既教会了孩子菜是如何变成美味的,又让孩子知道了做一顿饭是多么得不容易。然后与宝贝一起说:"妈妈辛苦了!谢谢妈妈!"当养成说"谢谢"的习惯,孩子慢慢就会培养出一颗感恩的心。请孩子帮忙后,也要及时地说"谢谢",这是鼓励孩子继续给予别人帮助的动力!

3. 对不起!

在很多家庭,家长的权威会体现在犯了错误从不会向自己的孩子道歉上,潜台词是:"我养了你,给了你一切,我错了又怎样!"我们常常不愿意面对自己的错误,然后对于孩子犯了错误却又不承认的态度大发雷霆。如果希望宝贝是个勇于承认错误的好孩子,家长还是要以身作则,不然孩子无从学起啊!承认错误要从一点一滴做起。常遇到这种情况:宝贝搭好的积木或玩具,不小心被家长碰倒了,宝贝很生气,甚至哭了。家长觉得这是一件多么小的事情,孩子太不懂事了!太能闹了!其实对于孩子来说可能不是件小事情,因为他可能用了很大的脑力和美丽的思维构建才搭好的一个积木,这么轻易就被你破坏了,让他前功尽弃了,他肯定会很伤心。我们应该想办法去安抚,而不是去训斥。我们首先要问问宝贝为什么哭?鼓励宝贝将委屈说出来,如果说出来,家长要说:"哎呀!宝贝花了那么多时间才搭好的积木被妈妈不小心弄坏了,真对不起啊!妈妈不是故意的,原谅我好吗?妈妈下次一定注意!"如果孩子不说,家长可以替孩子说出来,孩子觉得你理解他了,情绪也就会平息了。这里提醒家长尽量避免经常去替孩子说话,因为孩子的心理有时我们根本猜不透,应以鼓励孩子自己说出来为上策。如果经常去猜,习惯了,孩子就不愿意去说了,会觉得家长应该猜对,猜不对就更不高兴了。最后告诉孩子一个道理:所有人都会犯错,但有时候不是故意的,所以别人应该尽量原谅他,但犯了错误时要勇于承认,还应该积极改正。接着教孩子改正及避免下次再犯的方法,就是应对孩子犯错误的完整的措施了。

4. 再见!

有的孩子每次在妈妈离开家之前都要纠缠哭闹,之后妈妈就会躲着离开,这时孩子可能一整天心情都会不好。其实不说"再见"比说的后果要坏得多,这样教会他的是逃避,而不是勇敢地面对问题!所以,不要怕!每天分开前大方地说声再见,孩子开始会哭闹,习惯了就好了。其实更多时候,是我们不舍得孩子,家长这种心理越严重,孩子越能感知,越会黏着家长。如果我们本身就把分离当成是件自然而又正常的事情,相信孩子离开我们一定可以很好地管理自己,孩子也就慢慢不会那么紧张分离和黏人了。

5.你好!

你好,是开启与别人交往的第一个招呼,是人际交往能力的开篇,对于培养孩子的情商及开朗的性格有非常重要的意义。在孩子刚会说话时就要有意识地去培养,大方地对别人开口说"你好"后所得到的别人的回应,可大大地增强孩子对人际交往的兴趣。

家人之间说"你好"也很有意义,如孩子与父母分开一天,有时会很想念父母。特别是当孩子在外面一整天时,外面的世界不会像家里一样轻松随便,孩子需要很辛苦地去适应环境,适应各种人际,神经会绷紧。如果我们在回家后能给孩子一个大大的拥抱,说声:"宝贝,好想你啊! 你好吗?"这样他一天所有的辛苦和委屈都能抵消很多,心情也自然会好。

在家庭中,把这些礼貌用语变成习惯,家庭的氛围一定会越来越和谐。

（二）教育要从出生开始

教育,是家长与孩子"斗智斗勇"的过程。不要小看孩子的心理,其实在妈妈肚子里孩子就懂一些事情,只是我们看不到。等到出生后几天就能让我们见识到孩子的聪明,最典型的就是通过哭来"要挟"家长,以达到吃奶、表达不适、求抱等诉求。随着一天天地长大,孩子的欲望在成长。如果孩子一哭家长就紧张,并第一时间地给予满足,孩子慢慢就会感受到自己哭的威力,知道了家长的软肋,欲望就会膨胀,然后就会充分地利用哭功一遍一遍达到自己的目的。一哭就喂导致的过胖,一不抱就哭导致的家长放不下孩子,这就是孩子与家长最初的心理较量获得的成果。如果家长不能及早识别,势必被孩子"玩于掌上"。如果刚出生几天就搞不定,那麻烦的还在后面。

此种应对方式:对于新生儿期,要掌握每天 8 ~ 12 次的喂奶频率、每次喂奶 20 ~ 30 分钟。不要孩子一哭就喂,那样就会很容易导致过胖。胖看着可爱,但孩子活动不自如会不舒适,还会导致成长过程中的一系列其他健康问题(关于如何喂奶参见第二章第一节内容。关于如何让孩子少哭的相关技巧,参见第三章第五节内容)。只要没有不舒适,孩子要哭,就让他哭会儿,哭还会锻炼孩子的肺活量,使肺更成熟,不用担心。这样坚持,孩子知道了家长的原则,就不会"无理取闹"了。

(三)家长要以身作则

人的性格,都是从孩童时代养成的,古有三岁看老一说,虽没那么严重,但说明教育应该越早越好,特别是心理素质教育。在我们国家,大人们常认为家庭中的孩子什么都不懂。上文已领教了刚出生的孩子的威力,那么,孩子到了3岁,通过家庭的耳濡目染,他的是非判断及价值观等已初步形成,此时切莫再认为他什么都不懂而随意地对待他了,不然造成的后果就是孩子容易叛逆。

譬如,你告诉孩子过马路不可以闯红灯,但后来,有一次你因为赶时间闯红灯了,他是不能接受的。因为孩子一直是听话的,也一直是照着你的要求去做的,你也夸过他了,那是好孩子该有的行为,这次,你却做了坏孩子做的事,破坏了他心中的小天平。有时我们觉得是小事,对孩子而言可能是过不去的坎,会跟你闹。其实本是我们不坚持原则的错误在先,孩子这样坚持原则的做法我们应该给予表扬,而我们却批评他,他会不服的,这样对我们的信任度就会减少一点儿,日积月累,事复一事,孩子的逆反心理就形成了。所以,对孩子的任何要求,家长自己都要尽量做到。记住一点,别小瞧了孩子的记忆力,譬如你答应他的事要记得兑现,不要通过欺骗、找理由去应对,如果你这样做了,下次他会记住,也会这样对你。然后,当他欺骗你、找理由时,你还教育他、批评他,他就不能接受了。所以,想让孩子成为何样的人,我们自己就要努力,至少不要背道而驰。以身作则是防止孩子产生逆反心理最重要的措施之一。

(四)多理解孩子

我们虽然都是从孩子过来的,但长大后却又忘了儿时的一切。我们很多时候不能站在孩子的角度去理解与我们朝夕相处的他们。孩子的喜怒哀乐,特别是怒和哀,常使我们莫名其妙。因为孩子的表达能力有限,且懂得不多。有时我们觉得很简单的道理,从孩子的角度,他们是理解不了的。我们应该多听听孩子的解释,然后多点耐心,细致地给予讲解,也许,孩子的态度会有所改善,因为这样会让孩子觉得你理解他了,懂他了。

譬如,孩子时常拒绝喝水,可以先问问他为什么不喝,也许是不爱喝白水,嫌味道不好;也许是没有渴的感觉;或者他只是对喝水容器不满,或对我们的态度不满而拒喝等。我们可以帮他分析一下原因,也是教他如何表达自己的心理。再跟他讲解人为什么要喝水,不喝会有什么后果,这个后果不能是恐吓式的惩罚,而是事情本身带来的后果。然后告诉他应该喝多少水。不想喝时再换让孩子对水感兴趣的容器来吸引他喝水,做了以上措施以后,也不要期望孩子立马会喝,因为孩子需要时间消化你所说的内容,可能讲了那么多他只听懂一点点。下次再遇同样的情况,再耐心地讲。要注意一点:除非孩子问,否则不要在一次讲解中反复唠叨,那样会让孩子烦躁,点到即止。这样长期耐心地讲,那些道理慢慢就会内化为孩子自己的知识,就会慢慢养成一些好习惯,改变一些不好的习惯。当你发现他喝水的量慢慢变多了,且竟然有一天会对其他孩子讲解为什么要喝水时,证明他是终于懂了,也证明你的这些教育成功了。

孩子如果得不到家长的理解,并经常被家长强迫做事,就会表现出易怒和不容易合作。孩子的心思很细腻和敏感,那些反应有时是来自对世间的陌生和恐惧,也是一种无助。多去理解,多去沟通,能够给孩子更多的安全感。

(五)拒绝溺爱

广为流传的一个视频:在公交车上,一位小男孩数次无礼地用脚踢对面一陌生男子后,遭到该男子暴力反击。此事过后,舆论没有一边倒地谴责施暴者的狠毒,而是把矛头对准了站在旁边不知制止的父亲,其实这是现代民众逐渐清醒的表现。子不教父之过,孩子缺乏了教养,现在遭受一顿暴力,如果再不管教,以后可能会经历更多这样残酷的暴力。

孩子最不能给的就是溺爱。溺爱是一种毫无原则的爱,被溺爱的孩子反倒体会不到被爱的滋味,甚至会把爱当成一种负担,会有压抑感,幸福感反倒降低。所以为什么被溺爱的孩子常会表现出脾气暴躁的现象。在溺爱的过程中，我们没有教会孩子忍让，而是一味地自己忍让、屈服于孩子。孩子的自控力是弱的，由于对世间事物及人情认知还不多，需要家长的引导和约束，通过事实告诉他哪些是对的、哪些是不对的，让孩子分辨清楚然后才能知道如何去做。

溺爱孩子的家长常会没有原则，给孩子更多的无理选择。譬如，到了睡觉的时间，家长会问，我们现在可以睡觉了吗？玩心重的孩子会说，我再玩一会儿，如果家长说太晚了，不能再玩了，他就会哭闹，一哭家长就妥协。这样孩子因为熬夜，第二天精神就不佳。人身体不适时，就会没有耐心，导致脾气也不佳。但下次他还是不想早睡，家长还是妥协，日复一日，事复一事，孩子对这种没有原则的爱就会生厌生恨。其实他很希望家长能帮他一把，帮他克制一下，因为贪婪导致的后果很不舒适。如果你真的帮他克制了，可能当时会反抗，前几日会反抗，等时间久了，养成了习惯，他没有不舒适了，对家长反倒会多一份尊重。

对于缺乏控制力，孩子本身是痛苦的，是希望家长给予帮助的。只因现代的诱惑太多，我们大人不也常在物欲横流的世间迷失吗？任何人对于迷失时给予帮助的人都会心存感激，我们常称之为"贵人"。所以，请做孩子的"贵人"，不要做对孩子无助甚至有害的"好人"。

（六）如何管教孩子

由于孩子自控能力较弱，管教约束是必不可少的。孩子的管教有时需要严厉，但不应该仅把听不听话作为衡量孩子好坏的主要标准，因为我们有时需要分辨我们让孩子所听的话是不是对的。我们常会因为不了解孩子不听话的原因而做出错误的决断。譬如，我们让孩子做作业，孩子做到一半就开始磨叽了，家长就会发脾气，对着孩子吼一通。但可能是孩子真的累了，我们可以问一问，也可以让孩子活动一下，吃个点心或水果，补充点儿能量，再继续做，也许就能接着坚持了。判断孩子的对错时，我们应该把事情本身的对错作为考量的依据，并努力找出问题的根源及应对的方法，一切对事不对人。

严厉的管教应该在孩子出现明知道犯了错误却不知道改正，以及出现暴力行为,如毁物、伤害自己或他人等,对自己或他人造成不利的时候,家长要树立威信,及时制止。

那么,如何严厉管教?孩子有时犯那些严重的错误是一种对现实不满的发泄。发泄完了有时会有种喜悦的胜利感。且很多孩子出现以上行为会不服管教,对于家长的管教会表现出愤怒的姿态。《素问·阴阳应象大论》说:"恐胜喜……悲胜怒。"这种情志抑制方法的意思是:想让孩子这种畸形的喜悦感消失,我们需要让他产生恐惧感。如果孩子对大人的管教有愤怒的反抗,我们需要让孩子感到悲伤即可平息愤怒。

我们家长常用的应对方法是体罚。通过体罚,可以让孩子产生恐惧,继而产生悲伤,以控制住孩子的错误行为。但是,体罚对孩子是不公平的,我们是用力量的优势取胜于孩子。当孩子有一天力量比我们强时,是不是他们也可以把我们打倒?

虽然我们有时对孩子采取暴力只是想让他长点记性,避免下次再犯错,但孩子若只是出于惧怕而改正,而不是内心真正地认识到错误,那么他有可能还会再犯同样的错误。且有些家长对孩子的体罚太过随意,这种滥用体罚的后果可能使孩子越来越抗打,或在家长的威严下暂时屈服,但内心已出现严重的逆反,甚至影响到孩子的正常心理发育,出现这样那样的心理问题。因此,一般情况下不主张对孩子进行体罚。

利用情志抑制方法,要让孩子产生恐惧及悲伤,最佳的方法是用事件的后果来震慑他、教育他。有些事件产生严重后果的可能性较小,但必须要让孩子知道,未产生后果只是侥幸,我们不能抱着侥幸心理做事,因为一旦后果产生,就可能无法挽回。可以通过别人出现的后果来说服,如果配合视频或图片等生动的教育可能效果会更好。有必要的情况下,可以先让孩子尝试一下后果的滋味。

譬如,有的孩子经常出现打人的行为,这样的孩子常常不知道被别人伤害的感觉,我们可以采用的应对方法是:适当地让他尝一下被同等对待的滋味。他打人时,我们可以用同等力度回击,让孩子体会一下被别人打的滋味。记得,一定要在孩子每次打人时都回击他,时间长了让他形成条件反射,只要让别人痛苦了,自己就会痛苦,这样就会让他再打人时能产生一些同理心,慢慢也就能校正一些这样的不良行为。但要注意几点:第一,避免过轻,起不到震慑作用;第二,避免过重,并避开要害部位,不要真的伤了孩子;第三,一定要告诉孩子,我们回击的目的不是报复,不是惩罚,只是想让他体会一下被别人伤害的感觉。回击完问他的感受,鼓励他描述出来,这样他才能慢慢认识到这是不尊重别人的行为,这是会引起别人痛苦的。这种方式对于幼小的孩子可能有用,待孩子长大了,抗击打力强了,可能就不那么管用了。所以,孩子越小,使用该方法效果越好。

我们还应该避免一些攻击性、辱骂式的语言,譬如,你怎么这么笨! 猪脑子吗? 我怎么生出你这么个没用的东西! 还有一些脏话等。家长可能是因为生气或想让孩子长记性,但对孩子的伤害是较大的,因为他的人格受到了侮辱。有时家长觉得骂也没用,因为骂完下次还会犯,认为孩子脸皮太厚。其实恰恰相反,孩子的脸皮要比我们想象中的薄很多,他们很敏感、很脆弱,他们有时的反抗只是想掩盖自己的恐惧,是想给自己壮胆。可能越害怕,表现出来的逆反就更强烈。还有的时候孩子是采取了逃避的方式来应对,就是我们看到的孩子对改正错误的无动于衷,常会让家长"脑充血"。

如果体罚是硬暴力,攻击性的辱骂就属于软暴力,对孩子都是人格上的污辱。这些暴力在一定程度上确实会使孩子因惧怕挨骂而下次做事慎重,但这样的暴力会让孩子很反感。如果经常被这样对待,孩子可能会因失去自尊而抵触怨恨,也可能会因过度紧张而分心,都可导致错误的再次发生。且时间久了,孩子如果对自己和家长失望,产生自暴自弃的念头就是顽疾了。我们时刻要记得几点:第一,人非圣贤,孰能无过;第二,孩子可能不是故意的;第三,孩子可能不知道应该怎么避免错误;第四,孩子的自控力是真的弱,需要家长的帮助等。所以,对于孩子的错误,我们首先要弄清楚原因,别冤枉了孩子。譬如,孩子经过的地方盘子被摔碎了,可能是猫干的。

对于孩子无意的或不知如何做而犯的错误,我们不能太责怪。首先向孩子描述一下事情的经过,描述家长的感受,与孩子一起寻找错误的原因及危害。譬如，孩子如果真的把盘子摔碎了，孩子本身会被吓一跳，还因害怕被骂而感到恐慌，这时我们如果再骂他，他会更慌张，孩子就会通过哭闹、撒谎或更恶劣的态度来回应。家长可以这样说："哎呀，盘子摔了！吓我一跳！没事！有没伤到？（查看一下，以示安慰和关心）盘子是怎么碎的？（鼓励孩子说出原因）"孩子可能是因手滑，也可能是拿的姿势不对，或被东西碰到了等，趁势教导一下如何安全地拿盘子，以避免下次再发生同样问题。接着说后果，譬如，碎片可能会导致伤人，还有，又得花钱买新盘子等。只描述事实，不埋怨。这样让孩子既知道了错误的后果，又懂得了如何避免下次再犯同样的错误。最后，再与孩子一起把碎片处理掉，一定要让孩子与你一起做，这是教他承担责任的重要一课。如果下次再发生，也要忍住火气，把上次摔碎的事再提一次以加深记忆，两次再做对比，可能原因不同，也可能是忘了。我们要经常反思一下，我们自己摔过多少盘子，而且也不能保证永远不再摔了，不是吗？这样也许能控制我们要愤怒的心。只要孩子不是故意的，适当原谅，孩子会更容易接受训导的话。切莫要过早地把孩子定性定类，好的品质是需要慢慢修炼的。

家长树立威信，不是要让孩子怕我们，而是让孩子信服我们。如何让孩子主动对我们尊敬，这需要品德和知识的支撑。家长具有良好的品德，处处以身作则，严格要求自己，对人对己大善大爱，这样的家长会拥有一股无形的魅力去吸引孩子欣赏他、效仿他、愿意听从他。丰富的知识有助于家长在孩子困惑时予以更多的解答和帮助，使孩子从内心信服我们，这就需要我们不断地学习。孩子的成长过程，也是父母的成长过程，我们应该与孩子一道，不停学习，共同进步。

心理问题是最难应对的，后果也是较严重的，我们应该足够重视。譬如，孩子跳楼事件，孩子都到了跳楼的地步，说明心理问题早就很严重了，家长却没能及早发现并及时地采取措施去拯救孩子，从而导致了无法挽回的局面。李玫瑾教授的一段话耐人深思："孩子跳楼的原因，第一，没有让孩子克服自私的问题，孩子心里只有自己，只考虑自己的感受，从来不考虑家长和身边人的感受；第二，孩子没有对挫折的忍耐力。对挫折的忍耐力与意志力相关,而意志力的培养,不是靠智力培养出来的,而是靠体力培养出来的。所以,孩子小的时候要让他吃一点体力之苦。"

　　孩子自私,是因为家长太以孩子为中心,一切为了孩子,这样的家长常失去自我。常看到有些妈妈,好吃的从来不舍得吃一口,全部给孩子吃,但换来的却是孩子觉得别人给他吃是应该的,不给他吃就是不对的,就会越来越自私。建议孩子很小的时候,就要让他把吃的、玩的都跟大人和小朋友们一起分享,不要过度地关爱孩子,把他培养成唯我独尊的"小皇帝"。还要教育孩子有担当,把孩子与成人同等对待,让他对自己任何的言行都要负责,并告诉他所做的一些错误事情的后果及所要承担的责任,应该去做的补救措施等。

　　让孩子多吃体力的苦。可能很多家长做不到,因为有的家长们自己也没吃过什么体力的苦。但我们可以交给专业培训机构,譬如,报些游泳、舞蹈、体操、球类等运动性的培训班,以让孩子锻炼身体为主,不需要像专业运动员那样伤筋动骨地学习,这样可锻炼孩子体力方面的耐力。心理方面的耐力如何锻炼?譬如,一点委屈就受不了,经常为一些鸡毛蒜皮的事情生气等,对此,把孩子的这些问题与体力锻炼的问题结合起来可望解决。首先,不要让孩子常以自我为中心,打开孩子的认知,告诉他,在这个世上我们只是沧海一粟,我们的力量是有限的,遭受挫折是很正常的事情,我们不能总心疼自己,因为没有任何用处,我们应该把思想集中在如何解决问题上。其次,如果心理的坎过不去,就让孩子通过体力活动释放一下,待身体疲惫后,情绪会平息下来,再和孩子慢慢寻找解决问题的途径。或者给孩子找类似问题的故事及成功解决问题的案例,让孩子在学习中得到内心的成长,也可找些类似事件结局比这更严重的案例,让孩子对比性地庆幸自己没那么糟糕,获得继续坚持的信心等。

　　当孩子出现了心理问题家长束手无策时,应积极求助于专业的心理治疗机构,以保证孩子安全度过心理问题期。如果到了无法调控的地步,处理起来就更棘手了。关于心理治疗方面,国内这样的机构相对较少,没有普通疾病就诊那么方便,期待国家能大力发展此类机构，从心灵深处让问题孩子能得到及时的、更专业的拯救。

小　结

以上七个方面就是照顾孩子的整套原则。如果能全面掌握精髓，小儿的健康将多少能得到些保障。这些内容一般适用于相对健康的孩子，当有疾病时，还需要专科疾病的护理知识，本书就不深入阐述了。

作为父母，我们可能是新手，但我们生活在一个信息十分发达的时代，大多数的困惑我们都能通过各种途径获得答案。不过，始终要注意一点：无论我们懂得多少，在知识的海洋里我们总是有欠缺的，且我们不能24小时陪着孩子，我们也有疲惫疏忽的时候，而且现在环境又那么复杂，所以，即使我们很努力了，也不能保证孩子不生病、不出问题。孩子生了病、有了问题，不要愧疚，不要埋怨，把时间花在这些上面是浪费的。我们应该好好去寻找原因，好好面对，把方向定在如何让孩子尽快好转，以及如何避免下次再发生上，真正的意义是解决问题。希望以上内容能引导家长们去寻找孩子问题的根源，也希望这些照护孩子的技巧能真正帮到辛苦的家长们。

第二章

不同年龄段小儿常见
问题的应对

第一节　新生儿常见问题的应对

一、母乳喂养相关问题的应对

母乳喂养,也是笔者非常想讲的内容。因为看到身边很多轻言放弃,或努力后仍失败的案例,所以在此着重提出:除非有相关疾病,或者没有掌握透彻技巧等原因外,一般母乳喂养都是能够成功的。当然,失败的主要原因还是以技巧和知识掌握不足为最多。下面来给大家一一分析。

（一）母乳喂养失败的原因分析及应对方法

1. 对母乳喂养的重要性认知不足

母乳喂养的好处有经济、方便、温度适宜、营养全面等,这是任何奶粉无法替代的,不光是营养价值,更因为里面有新鲜的活的免疫物质。奶粉里都是些人类已知的主要营养成分,但母乳里还有些非主要成分及未知的物质是奶粉内没有的,而这些成分对孩子的生长发育并不是可有可无。所以奶粉的营养并没有宣传的那样全面。现在所生产的配方奶,本意是为由于疾病等原因而无法进行母乳喂养的孩子准备的,但现在因为家庭经济条件优越和无知等原因,变成了绝大多数父母会选择的代乳品。虽然国家在大力创建爱婴医院的同时,极力提倡母乳喂养,但很多国人对奶粉的依赖思想早已根深蒂固。

母乳喂养除了营养方面的益处,在母亲与孩子的情感交流方面也有重要意义。通过与母亲的肌肤接触,孩子被母亲抱在怀里会有满满的安全感和幸福感,母乳喂养有利于情志的发育,还能降低孩子长大后患"皮肤饥渴症"的概率,有利于孩子未来情感的发育。

2. 心理因素

现代女性体质及对痛苦的承受力都较以前的女性普遍要弱,导致难以承受喂母乳所带来的麻烦和苦恼。还有的家人通过减少母乳喂养的次数来体现对产妇的怜爱之意等。这些心理因素,一直影响着母亲坚持母乳喂养的决心。如果我们能清楚地认识到母乳喂养对孩子的重要性,就应该全体努力给予母亲足够的支持,使母亲能坚强地进行母乳喂养。

母亲有焦虑等不良心理可导致泌乳减少,这点我们要足够重视。焦虑多数是因为养育孩子的知识不足导致的。需要我们在孕产期前后就要进行学习。现在很多爱婴医院都开立了妈妈课堂,自孕期开始就可以定期去学习,这也是国家为保障母婴安全,强力推出的一项公益活动。妈妈们如果能多多利用,将对减少产后焦虑和抑郁有很大帮助。随着社区功能的拓展,妈妈们解惑的途径也增多。当然,家人对孕产妇的关爱是不可或缺的良药。同时作为母亲,自己也要做好情绪管理,母亲所有良好的、不良的情绪,通过磁场及身体相应物质的分泌等都会传染给孩子,使孩子感受到母亲的快乐和痛苦等情绪。所以,想让孩子健康成长,妈妈一定要努力保持良好心态,控制不良情绪的发生。

3. 喂奶量判断错误

很多家长在孩子刚出生不久就断定母亲的奶量"不足",继而用代乳品来补充,这种判断是错误的,我们要好好地认识一下母亲的泌乳量。

产后第 1 天母亲的每次泌乳量只有 5～10 mL,且孩子需要吸吮 20～30 分钟才能吸出那么多的量,所以我们很难看到大量的乳汁被吸出。但这么少的乳汁是完全够初生的婴儿食用的,因为那时孩子的胃容量也就那么大,且孩子体内有在妈妈体内时储存的充足能量。母亲在孩子出生 5 天内的乳汁,叫初乳,量都不太多。此时母乳为黄色或橘黄色,比较浓稠,其中抗体的含量较多,对孩子的免疫力异常重要。随着孩子出生天数的增长,母乳量逐渐增多,但 5～10 天的乳汁叫过渡乳,10 天之后母乳才逐渐转化为成熟乳,其颜色较初乳淡,量开始明显增多。母乳的分泌特点是完全按照孩子的生理特点而形成的。

初生的孩子虽然需奶量少,但对饱的敏感度却较低,有些孩子刚出生一两天,如果用奶瓶给其喂奶,一次可以吃 30 mL 甚至 60 mL 的量,会让家长们误认为孩子本身需要那么多的奶量,就相对显得妈妈的奶量不足了。但这样喂养的后果是:孩子的胃被撑开了,孩子尝过了之前过饱的"爽",再给他吃母乳,就会总觉得吃不饱,而容易哭了。特别对于初次哺乳的母亲,乳头上的乳孔需要孩子频繁、用力地吸吮才能打开,所以孩子吸起来较费力,而且奶量来得也慢,孩子一对比,就会不愿意再吃母乳了。

所以,给初生的宝宝喂母乳不能着急,只要每天达到8~12次,每次20~30分钟的喂哺,妈妈的乳汁就会正常地分泌,足够孩子食用。如果因剖宫产、心理过度紧张等原因导致乳汁较少,可以给妈妈吃一些下奶的食物,如酒酿蛋花汤、鲫鱼汤等,但不主张浓汤、浓汁及频繁食用。一般情况下,妈妈的饮食无须特别供给,只要遵循膳食宝塔原则,注意避免辛辣、刺激性及不常用的食物品种即可。

从女性怀孕到产后,乳房会发生巨大的变化,那些都是各种激素大量分泌的结果,这也是人体奇特处之一。各种激素在孩子发育的不同时期,各司其职,乳汁什么时候分泌,什么时候停止,与孩子密切相关。曾有过报道,奶奶为安慰孩子,长时间给孩子吸吮自己的乳头,结果喂着喂着,就真的有奶了。还有从未哺乳过的母亲给养子吸吮乳头,也会导致产乳。这些事例只是想告诉大家,别担心母亲会没奶,想让乳房产奶,让孩子吸吮是必不可少的条件。乳头及乳晕处有丰富的神经,通过与孩子的眼神交流、肌肤接触及吸吮动作等,可以刺激神经将冲动传导到大脑产生催乳素和催产素,前者促进乳汁的产生,后者促进乳汁从乳头射出。所以,想让乳汁充足分泌,保证足够的吸吮时间和频次是必不可少的。

4. 喂哺时间不对

喂哺时间不对,会导致孩子总是吃不饱。标准的喂母乳时间是,一侧乳房要让孩子吸吮至少20分钟,两侧乳房吸吮总时间不得超过30分钟。下次哺乳再从上一次最后吸吮的那边乳房开始喂哺,这样既能保证充足的泌乳,又可避免母亲两边乳房一大一小,影响美观。

喂奶时禁忌一会儿喂这边的乳房,一会儿喂那边的。因为每侧乳房分泌的前半段(约10分钟时间内)乳汁,较稀薄,里面含有很多免疫物质,可以提升孩子的免疫力。乳房分泌的后半段(约哺乳

10 分钟后)乳汁内含有较多的脂肪,可以让孩子有饱腹感,所以,一侧至少喂 20 分钟,如果两边总是换着喂,孩子总是吃前半段稀薄的奶,会导致孩子总有吃不饱的感觉。

喂奶过程中不要让孩子睡觉,要让孩子一直保持吃奶状态,如果孩子要睡觉,就摸摸孩子的小额头,捏捏小耳垂,多与孩子说说话,让孩子在 30 分钟内保持持续吸吮的状态。孩子出生后,会有点儿"懒",容易睡,这是正常现象。因为初生的宝宝要努力去适应与在母亲体内完全不同的环境,所以会很累。

喂哺母乳还要注意喂养频率的问题。母乳喂养提倡要按需哺乳,有两个标准:一是孩子饿了就给喂哺;二是妈妈奶胀了也可给喂哺。不要定时间,但要保证每天有 8 ~ 12 次的喂哺频率,太少会导致喂养不足,太多会导致妈妈乳头血肿、皲裂等问题,还会导致婴儿过胖。细心的家长可以用笔来记录每天的喂奶时间,进行次数统计,便于把握喂奶频率。

再提醒一点,乳房不是我们想象中的"储乳袋",认为孩子只要把乳房吃软了,奶就没了。其实在孩子吃奶过程中,乳汁是会不断分泌的,所以不管乳房内是否有充足的乳汁,我们都要按上面的时间标准去喂哺孩子。

5. 喂哺姿势不对

喂哺姿势不对,会使妈妈产生疲劳及乳房不适等问题而惧怕喂哺。妈妈可以根据自己的舒适性和方便性来选择喂奶姿势,这里就讲两种常用的喂奶姿势。

(1)躺着喂奶。喂奶时,妈妈躺着侧卧,头要枕在枕头的侧缘,喂奶侧手臂展开与枕头平齐,但不放在枕头上。妈妈腹、臀及大腿与上身呈一直线并使臀部稍向后移,以免腹部挤了孩子的位置。孩子面向妈妈侧卧,身体与妈妈身体呈一平行直线。将孩子头稍后仰,使孩子鼻尖对着乳头,下巴贴在乳房上喂哺。这里鼓励喂哺时将妈妈的皮肤与孩子的皮肤完全裸露接触,使孩子获得足够的安全感及母爱。但在寒冷天气要注意室温的调节,以防过冷导致受凉。

这种体位,新手妈妈会担心孩子的鼻孔会被乳房堵住,而常用手指压着乳房,这样会使所压处乳房的乳管不畅,久压就会导致乳汁郁结或乳腺管堵塞等症状。应对技巧是:孩子的头要稍后仰,孩子的臀部及下肢尽量靠向妈妈,妈妈的肚子可稍向后靠,给孩子的下肢腾出足够的地方,努力调试姿势使孩子既能吃到乳汁,又不会被妈妈的乳房堵住了鼻孔。再者,建议妈妈们穿开衫喂哺,若穿套头衫,往上掀起时常挡住妈妈看宝宝的视线。

(2)坐着喂奶。坐着喂奶若姿势不当,会使妈妈们产生以下的问题:①经常用力抱娃导致的手腕痛,即"妈妈手";②怀孕期间因孩子的重量导致妈妈的脊柱形态改变,产后很容易导致稍坐就腰部酸痛。

正确的喂哺坐姿:妈妈的坐垫要柔软,高度以双足放平于地面时膝部及髋关节皆呈90°为佳,这样可放松下肢肌肉,并可避免坐骨神经长时受压而致腿麻。后背放一靠背垫,厚度要使妈妈向后靠时上身能保持垂直于地面或稍向前倾为准,这样可使妈妈的腰部肌肉能够放松,避免用力前倾过久而致的腰痛。座椅两边最好有宽的扶手,在扶手上放一柔软的大垫枕。如果没有扶手,可放2个大枕头,要足够高,使妈妈抱着孩子喂奶时,手臂轻松放在垫枕上,而不是用力地托起孩子,这样就避免了"妈妈手"的产生。在妈妈的腿上再放个大枕头,厚度以喂哺时孩子的身体躺在枕头上,不用妈妈托扶就能吃到奶为准。

坐着喂奶时,孩子的姿势是:孩子侧向妈妈,头放在妈妈的臂弯上,使鼻尖对着乳头。妈妈的手再扶着孩子的背和臀,使头与身体呈一直线,身体与妈妈紧贴。有个口诀是:胸贴胸,腹贴腹,下颌贴乳房。

喂哺前,孩子将乳头含进口内的动作在医学上叫衔接。这个动作非常重要,因为母亲乳头发生血肿及皲裂多是衔接姿势不正确导致的。正确的衔接姿势是:先挤点乳汁涂在乳头上,使孩子能闻到乳汁味,调动孩子的食欲和寻找乳头的冲动,促使孩子产生觅食动作。如果孩子没有反应,可以用乳头轻触孩子的嘴角,在其嘴巴张到最大时,快速准确地将乳头及大部分的深色的乳晕塞入孩子口中,并使孩子上下唇未内翻,下颌贴着乳房。这时如果看到孩子有节律的吸吮动作,或听到吞咽声音,就是成功地衔接了。对于新手妈妈,这个动作需要多练几次,因为角度问题,有时看不清,还有孩子觅食时头会来回晃动,所以做到准确衔接也是需要技巧的。孩子的吸吮力很大,有时碰到一点乳头,就会马上用力把乳头吸进去,这是非常痛的,对乳头的伤害也很大,所以一定要等孩子嘴张到最大时塞入。切记!喂完奶也不能把乳头从孩子口中硬生生拔出,这对乳头的伤害也是挺大的。如果喂哺正确,孩子吃饱喝足了,自然会松开,但有时候可能需要我们主动将乳头退出,因为有时孩子会对乳头产生眷念不愿松口。可使用清洁的小拇指从孩子嘴角放入口中,便能使其松开乳头。

6.乳房问题的应对无力

初喂母乳,妈妈难免会产生乳头疼痛、血肿、皲裂,乳房胀痛等问题,这时妈妈就容易紧张,加上疼痛,有时就会产生拒绝哺乳的念头。这些问题都是可以应对的,具体方法如下。

(1)乳头疼痛、血肿、皲裂的预防及处理方法有以下几点。

1)喂哺时正确的衔接动作及停哺时正确的乳头退出方法是预防的关键。

2)喂哺完可将乳汁或乳头修护霜涂于乳头患处。

3)喂哺时,先喂健侧乳房,再喂患侧。时间掌握好,一侧不要超过20分钟。

4)不要用肥皂、乙醇溶液擦洗乳头。

5)疼痛剧烈时,可戴乳头保护套辅助喂哺。

6)皲裂严重或发生了感染等情况,需要暂停哺乳,及时就医治疗。

(2)妈妈乳房肿胀及硬结的预防及处理方法有以下几点。

1)婴儿吃奶时的姿势要正确。妈妈托乳房的手要用"C"字形,即大拇指在乳房的上方,其余四指轻轻在下方托起乳房,不建议用"剪刀手"用力压乳房,会导致部分乳腺管阻塞,时间久了就会导致乳房硬结或肿胀。当妈妈乳孔过大或射乳过急时,孩子常会有呛咳表现,这时可以用"剪刀手"稍按压乳房以减少射乳量,但要注意经常变换按压的部位,不要总压一个地方。

2)让孩子规律、足够地吸吮乳房是预防和消除肿胀的最佳方法。婴儿是最好的吸奶器。

3）如果婴儿不能吸吮，可用手挤或吸奶器将乳汁排出，保证乳腺管的畅通。挤奶前可按摩颈背部。用润滑剂轻轻按摩乳房，减少因按摩时对乳房皮肤摩擦造成的损伤。

4）肿胀疼痛严重，硬结久久不散者，要及时就医治疗。

7. 不实传言的误导

有传言说，母亲给孩子哺乳会导致母亲体型变丑，特别是导致乳房下垂等。我们先看看母乳喂养对母亲的好处：①可以畅通乳腺，使乳腺癌的发生率降低；②促进子宫复旧，使子宫疾病大大减少；③还能减少如肥胖、糖尿病等许多疾病的发生率。其道理就是母亲在孕产期储存了大量能量，这些需要供给孩子的能量，如果不去喂孩子，而留在母亲身体里，就会导致很多问题。还有，人类通过进化，每一个器官在特定的时期都有它特定的功能，如果过度人为干涉，不去顺应自然，必定会导致平衡失调而产生诸多健康问题。

8. 妈妈生病或上班即断奶

除了妈妈有医学上禁忌喂奶的疾病，如严重心肺疾病、指定传染病等，一般不主张在妈妈生病时断奶。普通的感冒一般提倡妈妈继续给孩子喂母乳，因为当感冒病毒侵袭入我们人体后，会使我们体内主动产生抗病毒的抗体，所以如果妈妈感冒时给孩子喂奶，可以使孩子立即获得抗感冒的抗体，而使孩子增强对感冒病毒的抵抗力。但妈妈喂哺时要注意戴上口罩、勤洗手、避免对着孩子说话、咳嗽和打喷嚏等事宜，避免把疾病直接传染给孩子。

提倡纯母乳喂养6个月，满6个月开始必须添加辅食，但可以持续母乳喂养至2岁及以上。当面临上班时，我们可以在上班前数月开始挤奶储奶。将奶保存于冷冻冰箱，可以保存3个月。然后在上班期间，每3个小时挤奶1次，保持泌乳，避免回奶，把挤出来的奶及时储存。妈妈不在身边时，孩子吃储存奶，妈妈回家，立即亲自喂哺。坚持到2岁，孩子的抵抗力会得到保证。

有些孩子可以吃到捐赠的母乳，也是不错的选择，但要注意来源的安全性。对于捐赠的母乳，可进行巴氏消毒，即将乳汁放在62.5 ℃恒温箱内进行30分钟消毒，此方法既能除掉母乳中的细菌

（可能不能杀灭病毒及某些特殊病原体），又不会破坏母乳中的成分。注意消毒时间不要超过30分钟。

9. 孩子生病而断奶

如果因为孩子生病而无法喂母乳，妈妈要把奶挤出来储存好，待孩子病愈后再继续喂哺，不规律地挤奶会导致回乳。有些进入重症监护室的新生儿，条件允许时医生会鼓励母亲将乳汁挤出送入监护室内，由护士给孩子喂养。即使有些插着胃管的孩子，能进食时，医生们也会让护士从胃管内注入母乳给予孩子营养补充。母乳是孩子最合适的食物。

家长们如果能克服以上种种困难，按科学的喂奶方式进行母乳喂养，可以使母亲乳汁的分泌量与孩子的需要量慢慢磨合成彼此适合的量。合适的泌乳量，既能满足孩子的需要，又能减少母亲因乳汁的过多或过少而导致的乳房甚至全身的一些健康问题。

【人工挤奶方法】

（1）准备好储乳容器。可选用大口径的杯子、玻璃瓶。使用前用洗洁精和水将其洗净并用开水煮沸消毒。

（2）让母亲把双手彻底洗净，乳房用专用清洁毛巾擦洗干净。

（3）母亲坐或站均可，以自己感到舒适为准。

（4）刺激射乳反射，如热敷乳房或按摩后背。

（5）将容器靠近乳房，把拇指及示指放在距乳头根部2厘米处（即乳晕的靠边缘处，此处下方有乳窦，为储存乳汁的地方），两指相对，其他手指托住乳房。

（6）用拇指及示指向胸壁方向轻轻下压，不可压得太深，否则可导致乳腺导管阻塞。

（7）压力应作用在拇指及示指间乳晕下方的乳房组织上。

（8）反复一压一放。本操作不应引起疼痛，否则方法不正确。第一次挤压可以没有乳汁滴出，但压过几次后，就会有乳汁滴出。如果射乳反射活跃，乳汁还会流出甚至喷出。

（9）从各个方向按照同样方法按压乳晕,要做到使乳房内每一个乳腺管的乳汁都被挤出(乳腺管为从乳房根部至乳头方向呈放射状分布在乳房内的泌乳管路)。压乳晕的手指不应有滑动或摩擦式动作,应做类似于滚动式的动作。

（10）不要挤压乳头,因为压或挤乳头不会出乳汁。同样道理,婴儿只吸吮乳头也不会吸出乳汁。

（11）一侧乳房至少挤压 3～5 分钟,待乳汁少了,就可挤另一侧乳房,如此反复数次。双手可交换使用,以免疲劳。为挤出足够的乳汁,持续时间应以 20～30 分钟为宜。特别是在分娩后最初几天,泌乳量少,挤奶时间更应相对延长,不可在较短时间完成,此点尤为重要。

（12）在乳汁分泌不足的情况下,婴儿吸吮完母乳后,也可挤奶或使用吸奶器再吸 10 分钟,频繁刺激乳头,促进催乳素和催产素的分泌,增加乳汁分泌量。

【母乳的保存方法】

（1）母乳的保存时间:25～37 ℃室温下可保存 4 小时,15～25 ℃室温可保存 8 小时,但要注意不能保存在 37 ℃以上的条件下。冰箱冷藏室在 2～4 ℃的条件下可保存 24 小时,将母乳用母乳保存袋置于冰箱冷藏室最冷的部位。冰箱冷冻室内保存(－18 ℃以下),可保存 3 个月。

（2）挤奶后,在储奶袋或储奶容器外标注清楚挤奶的日期、时间和量,放在冰箱内时,要按照母乳收集时间的先后顺序摆放。取出使用时要先取近效期的,避免管理混乱而导致过期。

（3）为保证乳汁不被细菌污染,挤奶时应注意手及储奶容器的清洁,将奶放入储奶袋或储奶容器内时,注意手勿触及袋及容器的内面。最好不要把乳汁与其他物品置于同一冷藏、冷冻箱,放入母乳专用冰箱为佳。

（4）如孩子在住院期间需要送母乳，将容器从冰箱内取出，放入保温桶，周围放置冰块，在送到医院之前使奶一直维持冰冻状态送至医院。

（5）母乳在保鲜时间内喂哺婴儿是安全的，不需要进行消毒。从冰箱冷冻室取出的母乳先置于冰箱冷藏室待其解冻。解冻后的乳汁，应根据以上室温在规定时间内用完，最多不要超过 24 小时，不能用完则应丢弃，不可再冷冻留着下次使用。使用前可在 37～40 ℃温水中加温（也可以使用温奶器快速加热，不会破坏母乳营养成分），不要使用微波炉或煮沸加热。每次按照喂养量取出母乳，不要反复加热，如加热后没有吃完则应丢弃。

（二）溢奶的应对方法

新生儿因胃是横位，且食管及胃上部的贲门口较松弛，就像横着放的松口的瓶子，所以当平躺或有增加腹压的动作时（哭闹、胃部受压等）很容易导致溢奶。溢奶是很危险的事情，如果不注意误吸入呼吸道，会有窒息、危及生命的危险。但也不用紧张，我们只要注意以下几点，就可以防止溢奶。

（1）喂奶姿势要正确。一般我们用"C"字形手托住乳房喂哺，但如果乳孔过松，泌乳太快，可以用"剪刀手"适当按压部分乳腺管，控制泌乳量以免吃过急、过多而导致溢奶。如果是奶瓶喂养，要注意奶孔不能过大，以倒放时奶液连续滴出为宜，而不能像自来水一样流出或直接喷出。奶瓶喂养还要注意量不能过大，孩子吃得过急时，可以一次奶量分多次喂，中间歇个几分钟，适当与母乳喂养时间保持一致，才符合孩子的生理。

（2）喂奶后立即竖抱孩子拍嗝，因孩子的胃所占腹腔空间较大，经常溢奶的小婴儿喂奶后应避免让其呈坐位或使大腿向腹部弯曲，会导致胃被挤压而吐奶。竖抱于胸前时，不要让孩子的胃重压在妈妈突出的乳房上，否则也会导致挤压性溢奶。可让孩子头轻轻靠在妈妈的胸前或肩部，一只手轻轻托着孩子的臀部，另一只手轻轻用空心掌拍击其背部，可持续拍嗝 1～2 分钟，但不一定每次都能拍出嗝来,拍嗝是因为有时孩子吃得急或不会熟练换气而导致吞入大量空气,这时需要将空气拍出。所以顺便提及一点,奶瓶喂养时,整个喂奶过程中,一定要将奶瓶前端充满奶液,吃完要及时将空奶瓶退出,以免孩子吸入过多空气触发溢奶。

(3)拍嗝后,不能立即让孩子平躺,要将孩子床头抬高30°,并保持右侧卧位30分钟。因上面讲过的孩子的胃结构,若取左侧平卧位,相当于将杯子里的水倒出,右侧卧位就是"将杯子摆正",以避免溢奶。

(4)有咳嗽的孩子会容易吐奶,是因为咳嗽导致的胸腹腔高压而将奶"挤出",不用担心,按照以上方法可以减轻。待咳嗽好转,溢奶也会随之好转。

(5)频繁吐奶若经以上措施不能改善,建议到医院就诊排除疾病或畸形等问题。

(三)打嗝的应对方法

打嗝,医学名叫呃逆,是膈肌痉挛性收缩所致的表现。膈肌位于胸腔与腹腔之间的部位,当此部位受刺激时,就会出现打嗝现象。孩子的打嗝常与喂哺姿势不当、吃奶过急、奶量过大等因素有关。打嗝持续时间短对孩子没什么影响,但时间长会导致孩子不适。通常成人采用屏气、按压眼球或眶上神经等刺激迷走神经的方法达到止嗝的目的。对于孩子来说,一是无法配合,二是会产生一定痛苦,孩子会比较反抗,也会有一定的危险性,所以不太适合小儿。对于小儿的打嗝,注意按正确的喂奶姿势喂哺、不过急过快喂哺、避免一次性喂奶量太大等可起到预防的作用。对于小儿的止嗝方法,我们可以采用哺乳或喂水等方式来缓解,机制是:当小儿在吸吮时会有屏气的动作,就间接地刺激了迷走神经,而抑制膈肌的痉挛,达到止嗝的目的。当小儿发生频繁、长时的打嗝等异常情况时,需要及时就医,排除其他病症。

最后提醒大家一点,虽然作者大力提倡母乳喂养,但切不可盲目,如果在母乳喂养上面出现问题和困惑,还是要尽量、及时地求助于专业的医生,因为因母乳喂养不当造成的婴幼儿营养性问题还是不少的。

二、奶粉喂养相关问题的应对

在孩子必须给予奶粉喂养时,需注意以下几个问题。

1. 浓度要严格按照说明书或特殊的医嘱配制

某儿科曾经收治一位新生儿,家长说给孩子所配的奶粉浓度是凭感觉配制的,觉得孩子饿时会给配浓点,不饿时就配稀点,结果导致孩子血液化验结果多样异常,从而发生病情危重现象。配方奶是根据孩子的肠道特点而配制的,不可随意地增减浓度。其实配方奶是给有病的孩子提供的,所以国家大力提倡母乳喂养,可现在很多人都认为配方奶是母乳的替代品,甚至认为配方奶比母乳好,这些都是错误的理念。

2. 温度切勿过高或过低

孩子的胃肠道黏膜很娇嫩。曾有一位粗心的家长,配好奶粉后未测试温度直接就喂给孩子,结果因过烫导致孩子从口腔、食管一直到胃黏膜全部被烫伤,后期不仅不能进食,还因继发感染导致一度病危,所以切不可大意。温度过低会导致孩子肠蠕动增加而易产生腹泻,温度太高会将奶粉中部分营养成分破坏,最佳温度是 40 ℃左右,有的建议 70 ℃,以杀灭细菌等,具体可参照各奶粉的说明书。无论配制的奶液为多少摄氏度,在给孩子喂奶之前,一定要再试试温度。可将奶瓶放在手腕处试试,不烫不凉即可,因为这里皮肤较敏感。也有家长习惯滴几滴奶液在此处,这也可行,需要注意勿过烫而导致自己被烫伤。

3. 注意卫生

孩子的抵抗力较弱,若不注意喂养方面的卫生就会导致被病原体感染而致腹泻等病症,要注意以下卫生。

(1)在配制奶粉前家长要清洗干净双手。

(2)奶瓶、奶嘴等奶具要消毒,没有消毒条件的至少要用开水烫洗。妈妈的乳房也要用专用清洁毛巾擦洗干净再喂哺。

(3)盛装奶粉的勺子不要放在奶粉罐内,因我们的手无法做到无菌,若勺子被污染,奶粉就可能被污染。在配制奶粉的过程中,手尽量不要碰到容器的内面及奶粉,也不要触碰奶头。

（4）喂奶后剩余的奶液要及时弃去，不得留作下次再用。要及时将奶瓶、奶头、勺子等用具清洗干净并消毒晾干备用。

三、红臀

戴尿不湿的孩子，难免会因更换不及时或大小便过度刺激而发生红臀，我们可以注意以下几点来预防其发生及加重。

（1）至少每2～3小时换1次尿布，有尿及大便时及时更换。

（2）有大便时要清洗臀部，清洗时注意勿用力擦洗，用柔软的毛巾沾擦。有家长习惯用手洗，注意如果手部皮肤较粗糙时，可用水稍泡软再为孩子清洗，特别在孩子皮肤已有红臀的情况下，因为孩子娇嫩的皮肤经不住一点点粗鲁的摩擦。洗完用吸水性强的干毛巾将臀部轻沾干，并使臀部在空气中稍晾干（冬天要注意室温勿过低，避免受凉），然后再戴上尿不湿。没有清洗条件的，可以用柔巾纸沾温水将臀部轻擦拭干净。

（3）如果有红臀迹象，在清洗完臀部后，在臀部抹上一层薄薄的护臀膏后再戴上尿不湿。如果有破溃，要到医院就诊，以避免感染。未破损的皮肤，只需擦普通护臀膏就行，不建议用药物性护臀膏作常规护理。有家长习惯使用植物油涂擦，要注意植物油必须高温煮沸消毒冷却后才可使用，且植物油不易清洗，一般还是建议使用生产技术较成熟的护臀膏护理臀部。护臀膏不仅有隔尿、隔大便的作用，还可促进受损皮肤的修复。

四、生理性体重下降

孩子生后1周内因需要适应新生环境，体能消耗较多，加之水分丢失、胎粪排出，还有可能奶量摄入不足，可出现暂时性体重下降。体重在生后第3～4日达最低点，以后逐渐回升，至出生后第7～10日可恢复到出生时的体重。这些都是正常的生理性现象，家长不用担心。如果体重下降的幅度超过10%或至第10天还未恢复到出生时体重，则为病理状态，应及时就诊。如果生后能科学、正确地进行母乳喂养，并在出现问题后积极寻找原因，采取相应的应对方法，可减轻或避免生理性体重下降的发生。

五、新生儿黄疸

新生儿黄疸又叫新生儿高胆红素血症,表现为皮肤、巩膜(眼白)等黄染。黄疸可以是生理性的,在出生后 2～3 天出现,4～6 天达到高峰,7～10 天消退,早产儿持续时间较长,一般不需要特殊处理。但若出生后 24 小时即出现黄疸,或总胆红素值超过 12.9 mg/dL(1 mg/dL = 17.1 μmol/L),每日血清胆红素升高超过 5 mg/dL 或每小时>0.5 mg/dL;持续时间长,足月儿>2 周,早产儿>4 周仍不退,甚至继续加深加重或消退后重复出现,或生后一周至数周内才开始出现黄疸,均为病理性黄疸,需要就医治疗。黄疸目测是不准确的,临床上最简便的方法是通过经皮测黄疸仪进行黄疸测量,无任何痛苦。但要提醒一点,经皮测的胆红素值,与血液内的胆红素值有时还会有些差异,因皮肤各部位分泌胆红素的量不同,以及接触阳光的时间不同等,可能导致测 10 次有 10 次不同的值,特别是在胆红素值超过 15 mg/dL 时就更不精确了,所以最精确的还是血液内的胆红素值。胆红素的正常值是 1～2 mg/dL,一般达到 15 mg/dL 以上或升高过早、过快时就需要进行蓝光照射治疗等。因为过量的胆红素会通过血脑屏障到达新生儿的颅内,有引起胆红素脑病的风险,所以要积极地治疗。

新生儿在满月时需要注射疫苗,但当黄疸值在 5 mg/dL 以上时,社区会拒绝给孩子注射疫苗,因为疫苗本身也会有反应,考虑到患儿安危问题,所以要选择在孩子相对健康状态下才能注射。所以我们要积极地处理黄疸,没有达到住院指征时,除了药物治疗,最简单的降黄疸方法就是晒太阳。晒太阳具体方法及注意事项如下。

(1)每天应晒太阳至少半小时,能晒到 2 小时为佳。因孩子较小,可以缩短每次晒太阳时间,增加次数,如每次 5～15 分钟,一天多次,累计时间达到 2 小时即可。大的孩子可以逐渐延长晒太阳时间,以孩子不累又适宜为度。晒太阳时间长短还要根据天气及温度而定。阴天没有太阳时,户外裸露皮肤也有效果,因为部分紫外线可透过云层。

(2)保证足够的皮肤裸露,天气不冷时一般只要保护好孩子的胸、腹、背及足部,其余部位可适当裸露。天气寒冷时要注意防止受凉,不可裸露太多,因新生儿的体温会随着外界环境温度迅速下降或上升,还要注意防风吹及冻伤,只要露出面、颈、后脑勺、手或屁股等不怕冷的部位即可。可找一个无风的,又能够照到太阳的场地晒,并选择在太阳较温暖的时间点晒。

（3）晒太阳时注意遮挡眼睛及会阴部。

（4）隔着玻璃晒太阳效果欠佳,因为部分紫外线无法透过玻璃。

（5）夏日不宜在日光过烈时照射。冬日要注意防风、防止受凉。

（6）有皮疹及其他禁忌晒太阳的疾病时,避免晒太阳。

（7）晒太阳后注意观察皮肤,出现不适症状要停止晒太阳,必要时及时就诊。

还有一种黄疸叫母乳性黄疸。在出生 7 天内发生的黄疸叫母乳喂养性黄疸,主要与母乳喂养不足有关。譬如,每次喂养时间过短,喂养总量不足等,参照"母乳喂养"章节内容正确哺乳即可校正。

如果是在出生 7 天后发生的黄疸叫母乳性黄疸,主要与母乳内的成分有关。在饮食上面母亲需注意:避免过度油腻及浓汤、浓汁等,按膳食宝塔原则进行均衡膳食即可,但尽量清淡。对于孩子,可以暂停母乳喂养 3 天。这 3 天中用奶粉替代,妈妈要按第二章第一节内容介绍的挤奶方式,每隔 3 小时挤奶 1 次,以防发生回奶。停 3 天母乳后,孩子的黄疸值一般会下降,而且 3 天后再次哺乳,黄疸值不会再升至上一次的高度。如果数值还未下降到理想值,可隔 3~7 天再停 3 天母乳,一般可校正黄疸问题。但母乳性黄疸需要医生来诊断,不可盲目断奶,因为轻易断奶后,孩子吃了奶粉很容易导致拒绝母乳。有耐心的家长,建议喂奶粉期间,用勺子或杯子慢慢喂,因为与母乳喂养对比,用奶瓶吃得太快,太省力,再吃母乳时易发生拒乳的情况。

在断母乳期间,有的孩子会出现除了母乳外什么都不吃的问题,这种可能与太依恋妈妈有关,就需要心理的较量和技巧了。每个孩子不同,有的饿两顿就吃,脾气倔强的孩子可能要更久时间。但根据马斯洛需要层次论,人最基本的是生理的需要,孩子饿到一定程度,最终还是会妥协。只是有时家长自己无法坚持,可能有时是我们自己过度依恋孩子,比孩子依恋我们还甚。这种情况不如让妈妈暂时离开,时间久了孩子也就习惯了。当没有可依恋的人时,孩子会自我坚强,自然也就不那么任性了。孩子不吃奶粉还有可能与对某种奶粉不适应或排斥某种喂奶用具有关,可试着换换奶粉品牌或喂奶用具。一直不吃的孩子,也可能是肠胃等功能出问题了,可以请专业医生予以鉴别。

六、新生儿脐炎

新生儿脐带一般会于生后 10 天左右脱落,但也有过早或过晚的现象,只要没有感染或其他并发症,一般不要紧。在医院生产的孩子,出院前,护士每天都会对孩子的脐部进行护理,预防新生儿脐炎的发生,出院后,可能需要家长们自己护理。

脐部护理具体方法如下:脐部护理可选择在沐浴后。准备好所有用物,护理者清洗双手。解开腹部衣物暴露脐部,用沾有75%乙醇的消毒棉签从脐根部开始向上螺旋消毒,有脐带结扎线的可捏住线稍提起脐带,使脐根部暴露便于消毒,重复 2~3 次将污垢或分泌物清除干净即可,不需要包扎。室温低时,建议先提高室温,注意脐部勿暴露过久,以免因腹部受凉而致腹泻等问题。如果有渗血或渗液较多、脐部颜色变红、肿胀、分泌物气味特殊或有其他异常情况时,可能是发生了新生儿脐炎,要及时就诊。新生儿抵抗力弱,脐部感染会导致败血症的发生,不可轻视。

新生儿脐带脱落后,若没有异常情况,不需要消毒等处理。

七、新生儿皮疹

很多新生儿在出生后会出现皮疹,可能是皮肤不适应体外新环境造成的,也可能是在胎内就被某些物质刺激所致。

新生儿出生时皮肤上有厚厚的一层胎脂,对皮肤起到保护作用,所以出生后不宜立即沐浴,只是简单地将污渍擦掉。在出生24 小时后需要给新生儿沐浴,因为其皮肤上常混杂母亲的血渍、胎粪等物,时间久不清洗掉可能对皮肤产生刺激而造成皮肤损伤。

新生儿在出生后因体温不稳定,需要适当进行保暖,但也应避免因包裹过多而致发热,同时过热也会导致皮疹的产生或加重。包裹厚度以保证孩子的手脚不要冰凉为度。出生后数日内的新生儿,因体内存有母体带来的免疫物质,所以抵抗力较强,如果受凉,一时可能不会产生症状,但持续时间较久,难免会因抵抗力减弱而导致受凉、肺炎、新生儿硬肿症等的问题发生。

对于新生儿沐浴的频次,有数据研究表明,如每日进行沐浴,会增加新生儿皮疹的发生率,因会清洗掉表皮上的保护物质,建议每3日清洗1次为佳。

第二节 3岁以内婴幼儿常见问题的应对

一、生长发育问题

遗传因素在孩子生长发育的影响因素中约占40%的比例,有时甚至更高。但对于生长发育迟滞的孩子,我们有约60%的空间可以努力。导致孩子生长发育迟滞的主要人为原因之一是喂养问题,但有时不良的生活作息、不良的心理因素等都会影响孩子的生长发育,也要同等重视。

孩子出现了生长发育问题,在积极寻求医生帮助的同时,家长们可参照本书第一章内容,循序渐进地进行照护缺失原因的寻找,以及照护方式的改进,通过长期调理有望能改善,第一章的所有内容完全适合3岁以内的婴幼儿。

家长要依据国家相关规定,定期带孩子去相应的社区进行体格检查及预防接种,以防重大疾病的发生而影响生长发育。出现生长发育问题要及时就医。

二、牙齿问题

孩子从4~10个月开始就要萌牙了。萌牙的过程是不舒适的,孩子经常会出现咬妈妈的乳头及咬其他物品的现象,是想通过这种方式缓解萌牙带来的不适感。这时可以适当地给孩子磨牙食品或磨牙用具来缓解,使用这些还有助于牙齿的萌出,但要注意这些器具的消毒情况。

孩子在萌牙过程中还会出现流口水的情况,是因为刺激了唾液腺的分泌,属于正常现象。口水较多时孩子的胸前皮肤长期被口水浸泡易产生皮疹,可用围嘴接口水,口周的口水也要及时擦去,否则也会发生口周皮疹。擦口水时注意力度不要过大,因为擦拭频率可能较高,孩子的表皮会被损伤,可以适当涂抹儿童专用护肤霜,能起到隔离口水的作用,保护周围的皮肤。擦拭口水建议用沾擦的方式比较温和。

现代很多孩子的牙齿会出现问题,其影响因素较多,但主要原因还是经口进食的有损牙齿的物质太多,如零食、饮料、刺激性食物等,这些食物内的添加剂对牙齿的损伤较大,因此,适当控制零食、果汁、刺激性食物等摄入能有效减少牙齿的问题。养成每次食后漱口或饮白水冲刷口腔的习惯对牙齿较有利。每日至少2次的刷牙要坚持,特别对于食后不能很好清理自己口腔,致很多食物残渣残留在口腔内的孩子,更要养成刷牙漱口的好习惯,可在一定程度上保护牙齿避免损坏。孩子如果牙齿不好,进食时会影响咀嚼功能,导致食物嚼不碎而发生消化不良的情况,还会影响孩子的食欲,所以我们要经常查看孩子的牙齿情况,如果有问题要及时去口腔科就诊。

4~10个月乳牙开始萌出,12个月后未萌出者为乳牙萌出延迟,约于2.5岁时乳牙出齐。6岁左右萌出第一颗恒磨牙,又称为六龄齿;6~12岁阶段乳牙逐个被同位恒牙替换。12岁萌出第二恒磨牙,约在18岁以后萌出第三恒磨牙(智齿),也有终生第三恒磨牙不萌出者(表2-1)。

对于孩子的牙齿,家长要有意识去查看其生长情况,如果萌出过晚,或萌出异常,要及时至口腔科就诊。

表2-1 牙齿萌出时间及顺序

年龄	出牙
6个月	下中切牙
9个月	上中切牙及上侧切牙
12个月	下侧切牙

年龄	出牙
18 个月	上、下第一乳磨牙
2 岁	上、下单尖牙
2 岁半	上、下第二乳磨牙

第三节　4～6岁学龄前儿童常见问题的应对

一、幼儿园内疾病传播问题的应对

常听家长们说:"我家孩子没上幼儿园前,很少生病,自从上了幼儿园,隔三差五就生病,都是因为孩子们在一起被传染的。"但有一种情况,如果一个班级有 30 个孩子,除非在流感或其他流行性疾病暴发时,其他时候并不是所有孩子都生病,也就其中几个孩子常会生病,那是什么原因呢? 家长们会说:"我家孩子抵抗力低。"其实,把这个原因归到孩子抵抗力上,可能有点冤枉了孩子的抵抗力。为什么孩子的抵抗力会低? 主要原因,应该还是常有导致孩子抵抗力下降的因素存在,如受凉、饮食不均、生活作息不良等。如果家长能仔细找找原因,譬如,孩子生病前期有无夜间蹬被子的习惯、衣着是否适时增减、有无出汗吹冷风的情况;有无喜爱到处摸又习惯把手放入嘴巴等问题。如果不把原因规避掉,那孩子下次还是容易再生病。如果孩子没有先天性疾病,只要家长的抚养没有太大问题,孩子的抵抗力一般不会太差。营养缺失的问题在第一章已阐述,在此不再重复,这里重点提醒一下,孩子在幼儿园的交叉感染情况是存在的,如果我们教会孩子一些卫生好习惯,可以防范疾病的传播。

1. 打喷嚏和咳嗽的应对

打喷嚏或咳嗽时,可将飞沫传播至很远距离,飞沫还会在空气中飘荡一段时间。如果有呼吸系统感染性或传染性疾病的孩子,打喷嚏或咳嗽时不注意采取一些保护措施,就会把病原体感染给其他孩子。下面教大家打喷嚏或咳嗽时两种情况的应对。

（1）自己打喷嚏或咳嗽时，不要正面对着别人，要背对着，紧急时用肘部或衣袖遮挡口鼻，最佳是用纸巾遮挡口鼻，纸巾用后弃入垃圾桶内。经常打喷嚏或咳嗽时，最好戴上口罩。如果用手挡口鼻，之后要清洗一下双手，不然再到处摸，又会把病菌传到物品或其他小朋友身上。

（2）别人打喷嚏时，远离或背对该人，像自己打喷嚏那样保护自己：用手、衣袖捂住口鼻或戴口罩。但要教孩子礼仪重点：注意避免让别人感觉是被嫌弃了。因为不是每个人都懂得这个礼仪，这是一种善意的行为。

2.手卫生的应对

条件较好的幼儿园，在孩子入园前会规定先给孩子的手消消毒再进入。这个可以避免孩子入园前通过已被污染的手将病原体带入园内，但如果孩子本身患有隐匿的、具有传染性的疾病，那么只入院前消毒手是不够的，他可以持续排出病原体，所以我们要教会孩子手卫生好习惯，具体如下。

（1）手勿放口中。

（2）不随便摸自己的嘴巴。

（3）进食前、排便后洗手。

（4）摸较脏物品要及时去洗净双手。

（5）正确洗手：七步洗手法。教会孩子 7 个字：内→外→夹→弓→大→立→腕，具体步骤如下。

用水浸湿双手后，取适量的洗手液，然后按照：掌心对掌心→手心对手背→手指互夹的指缝→弯曲的手指背放入另一手掌心→握住另一手大拇指转搓→5 个手指尖放入另一手掌心转搓→手腕，这 7 个步骤揉搓双手，每步至少来回 5 次，所有部位洗完再用流动水冲净双手，这样洗手，可把手的每个部位都洗干净。指甲长时要剪短，指甲缝是最容易藏污纳垢的地方，必要时可用柔软的小刷子刷洗指甲，也可以用牙刷来替代刷子。

虽然很少有孩子能做到这七步，但至少要让孩子明白，手的各个部位都需要清洗到才能干净。

3. 冷暖的应对

培养孩子经常体察自己冷暖的意识,教其学会过冷过热及时求助老师或助教人员,或自己随身带衣服,冷了及时增加,热了及时减少。特别在夏天,当教室内有空调时,如果不随身带件外套,就很有可能着凉。爱出汗的孩子,多备几条吸汗巾,提醒老师或助教人员帮忙更换。

二、自我管理能力不足的应对——日期、时间的管理

儿童时期,没有对孩子进行日期、时间管理的培养,他的生活将变得稀里糊涂,他的心里会变得茫然。所以对于此期儿童,我们要慢慢教其认识日期和时间,使其增强日期、时间的概念,以利于培养自我管理意识,提高自我管理能力。我们不仅要教孩子认识日期和时间,还要教他如何很好地利用它们来计划、管理自己的生活和学习。

1. 日期的认识

可在家里贴挂日历、月历、年历。建议在家内粘贴一张年历表,可使孩子一目了然一年是怎么过的。可以在年历上记录重要的日子和事件,使年历变得丰富。一年过完,可接着粘贴第二年的年历。第一年的不去掉,让孩子更懂得年复一年的日子,对日后人生的规划会有促进作用。

2. 时间的认识

钟表是家里不可或缺的配件。可给孩子买他喜爱的卡通挂钟、闹钟或手表,让孩子从兴趣出发,开始了解时间之路。为增强时间概念,建议在各个房间都挂时钟。卧室的时钟让孩子做好作息的时间管理;餐厅的时钟让孩子掌握好吃饭的时间;书房的时钟让孩子做好写作业的时间管理。常向孩子讲解时间的意义,这样时间久了,孩子就能有意识自主管理自己的时间了。

3. 教会孩子生活、学习计划的制订

孩子还不会认字、写字时,家长可以用卡通图案来代替,为孩子制订一日作息计划,最好是让孩子与自己一起来制订、一起来画,增强孩子的时间意识。开始可以先制作生活作息表,把孩子起床、吃饭、吃水果、洗漱、排便、看电视、读故事、玩耍、睡觉时间等都列出来,对孩子有特别意义的问题可以重点列出,让孩子每天慢慢知道自己一天是怎么过下来的。

随着孩子日渐长大,孩子的学习渐渐占据主体,就要把孩子的课程排出,让孩子每天清清楚楚地知道自己要做什么。要注意劳逸结合,课程内容要把孩子放松的内容也写进去,这样使孩子不致觉得太枯燥、太疲惫而产生厌烦和抵触心理。可以在休息时间写上他最喜欢做的事情,譬如,看电视、玩游戏、做运动,或其他孩子喜欢的可以使他开心的、有益的事情,只要限定好时间,劳逸结合更能提高学习效率。

第三章

常见小症状的应对小妙招

第一节 发 热

一、概述

人为什么会发热? 发热其实是人体的防御反应,当我们的身体被病毒、细菌或支原体等病原体侵袭时,机体觉察到这些有害物质,就会启动发热机制,有时机体还会通过肌肉收缩来产热使体温进一步上升,从而出现寒战的表现。发热的作用之一是发出信号告诉我们,身体有恙了;另一个作用是,很多细菌、病毒等病原体是不耐热的,人体通过产热可以杀灭一些病原体。所以对于发热,我们要感谢这个信号,而不要惧怕它,它是孩子免疫力较好的表现。很多体弱的孩子反倒不会发热,忽然就会病重,让人措手不及,容易失去最佳救治时机。发热的原因除了感染病原体外,还有环境过热、幼小的孩子穿得太多引起的散热不足所致的发热,以及免疫系统、中枢神经系统功能紊乱等导致的发热。

腋温正常值为 36 ~ 37 ℃,口温会比腋温高 0.3 ~ 0.5 ℃,肛温又比口温高 0.3 ~ 0.5 ℃(以下温度均以腋温为准)。成人体温低于 35 ℃ 为体温不升,高于 37 ℃ 为发热。小儿的体温,在 37.3 ℃ 以下都不视为发热。还有些孩子哭闹厉害,过度运动时测得的值会较高,甚至在 38 ℃ 左右。这也不用担心,待孩子静息 30 分钟后再测量,以此时体温为准。

发热,就两个字,但处理起来不是一两句话的事,下面教大家处理的具体方法。

二、发热的分期及处理

发热分 3 个时期,每个时期的处理方法都不相同,一定要区别对待。

1. 第一期:体温上升期

此期孩子的主要表现是体温持续升高,有时伴有寒战。

如果感觉孩子与以往不同,诸如由好动变安静了,或小脸变红了等,记得把孩子拉过来用手摸摸是否发热。那么,摸哪里较合适?有人习惯摸额头,有人习惯摸颈部,建议大家用手掌心摸太阳穴处。太阳穴在眉梢与外眼角中间向后约一横指凹陷处,因为这里是头颅几块骨缝的连接处,骨壁最薄,颅内温度较易透出。如果摸着孩子此处皮肤越来越热,可能是发热了。这里提醒一下,我们手的温度不同,会导致感觉的偏差,切不可以用手来判定是否真正发热,只是初步的简单筛查。如果觉得热了,还是要用专业工具测量。

现在流行使用电子耳温枪、额温枪、电子红外线温度计等体温测量产品,很方便快捷,安全性也较高,对于人流量较大的门急诊或机场安检等,作为快速筛查使用较佳,有些配合程度低、易烦躁的孩子也可选择该种产品测量体温。

因耳温枪等电子产品敏感度太高,测得的值很容易受外界因素影响,如耳道的宽窄,测量的深度、方向、时间,环境温度,仪器的精确度、电量、有无矫正数值等,经常出现同一部位数次测量的值都不一样,有时差别较大,而在临床处理及用药时,我们需要一个相对精确的体温数值,所以,在电子产品不能准确反映体温时,提倡使用便宜且历史悠久的水银体温计测量法。

这里再普及一下水银体温计的使用方法:体温计可用于测口温、腋温和肛温,儿童因存在危险性,禁止使用测口温法。测肛温时要用专用的肛温体温计。肛温能准确反映身体中央温度,测量时间短,1分钟即可,但需要注意插入深度及力度,以避免对肛门或直肠的损伤。不过,考虑到使用后体温计的消毒问题,测肛温不适宜常规家庭使用,还是建议使用腋温测量法。有家长说:"我们家的孩子对体温计很抗拒,不愿使用。"那可能是因为之前有过体温计使用不当,而让孩子产生过痛苦所致的。水银体温计的柄如果是玻璃的,在冷天时会非常冰凉,没体验过的家长可以试试,把一支冰凉的硬邦邦的体温计夹到自己腋下的滋味,是种难以言说的、非痛非痒、让人难以忍受的不舒适感,所以如果家长第一次这样粗鲁地给孩子使用体温计,他一定会反抗。解决这个问题的方法很简单,在每次量体温前,一定记得用我们温暖的掌心将体温计柄捂热,捂热后看一下温度,如果高于35 ℃,要将水银甩至35 ℃以下再给孩子测量,测量之前还要记得,如果腋窝有汗要擦干,不然测得的体温会偏低。夹体温计时记得先打开孩子的腋窝,不要在孩子胳膊夹着腋窝时将体温计硬塞入,这会导致孩子的皮肤被摩擦而产生疼痛。还有一个注意点是,很多家长在夹入体温计后会用胳膊使劲夹着孩子的上臂,怕孩子胳膊活动至体温计脱落,其实这样会使硬硬的体温计压在胸壁上引起疼痛,如果加上孩子不配合的扭动,很容易导致体温计断裂,不仅会导致皮肤的刺伤,还会使孩子接触有害的水银。我们只要让孩子手臂夹着腋窝,手肘弯曲90°,使前臂贴着胸腹部,家长扶着孩子的前臂即可。

水银是重金属——汞,它会通过皮肤吸收,也会挥发到空气中通过呼吸道吸收而引起人体中毒。所以如果发生水银体温计断裂或摔碎时,我们要第一时间将它处理干净。处理小技巧:对于不小心摔碎的体温计,立即让孩子离开现场,用扫帚将玻璃扫起,大颗粒的水银会像圆形的小珠一样滚动,可以拿两张硬点的纸对铲入其中一张纸上,铲起后放入柔软的面巾纸内包严密。小的颗粒不容易看到,可用电筒贴地平面照射,就会看清楚,然后用透明胶带将小颗粒粘起。地板缝内的小颗粒可用小刷子轻轻扫出再处理。处理出来的水银,千万不要扔入下水道,会导致水质污染。玻璃和水银都要包裹严实,扔入有害垃圾桶内处理,以避免环境的污染。为保护环境及维护人民健康,我国政府明文通知:自2026年1月1日起,将全面禁止生产含汞体温计和含汞血压计产品。从那以后,大家需要适应其他替代产品。

体温量好后,如果在38.5 ℃以下,不用特别处理,给孩子多喝点温热的水即可。孩子在此期,有时可见畏寒及寒战,这时我们要做的是:给孩子多穿点、多盖点。这是为了增加孩子的舒适度,不是为了捂出汗而做。如果孩子不觉得冷,不需要增加衣被。

当孩子体温达到38.5 ℃及以上(有过高热惊厥的孩子,记得温度以37.8~38.0 ℃为界)时,我们要立即给其物理降温,建议首选冰袋冷敷前额的方式。因为7岁以内的孩子,体温调节中枢发育尚未完善,大脑会因高热而致异常放电,引发抽搐的症状,又称高热惊厥。这种情况一般不是大脑有器质性病变了,且一次短时间抽搐一般不会对孩子产生什么影响,因此家长不用太担心。但多次抽搐或抽搐时间较长,孩子可能会因缺氧而导致继发性脑损害等。如果持续高热不退,可能会连续发生第二次、第三次甚至持续抽搐。我们在这方面曾做过研究并发现,及时使用冰袋冷敷前额降温可以明显降低小儿高热惊厥第二次抽搐的发生率。道理很简单,抽搐是因脑内高热导致,所以,只要快速把脑内温度降下来就行。很多人会认为,孩子已经用退热药或抗惊厥药了,就不用担心了。但药效的发挥需要时间,在起效前还可能会发生再次抽搐。所以,第一时间使用冰袋很重要! 冰袋放置在前额即可。有人会放在枕部。在医学上,枕部降温一般用于很重的颅脑损伤的患者采用冬眠疗法时,冬眠疗法还要配合其他药物。其实前额降温就可达到效果,但要注意避开前额输液穿刺部位,还要防止冰袋滑至耳朵、眼睛等处产生冻伤的危险。

这里再讲讲关于冰袋的问题。网络售卖冰袋较便宜,商家一般都几十只起卖,所以家庭购买有所不便。教大家一个制作冰袋的小妙招:取小号或中号的食品保鲜袋一只,装半袋水,然后将袋口打结系紧,水量多少家长心中没数时,可以放孩子额头试试,跟其额头差不多宽即可,然后将其放入冰箱。以前都是放入冷冻冰箱,使其变成冰块,这里建议大家放入冷藏室内,因为冷冻后的冰袋很硬,前额是圆的,冰袋与前额的接触面积会小,会相对影响降温效果。因冰袋太冷,如果不小心还会引起皮肤冻伤,且硬梆梆的也会导致孩子不舒适。有些家长会用厚厚的毛巾包裹冰袋,这样会使透温速度减慢,影响降温效果。冷藏后的冰袋软软的,与皮肤贴合面积增大,舒适度和降温效果都会增加,过凉时外面包裹两层纸巾即可。如果有刘海或前额帖了降温贴,可以直接将冰袋敷在上面,以不至过冰。这种冷藏的冰袋唯一的缺点是热得比较快,所以冰箱里要多备几个。这个冰袋还有其他好处,譬如,皮肤烫伤、跌打损伤前两天及牙痛时等都可使用以减轻疼痛和损伤。

体温上升期记得每隔0.5～1小时量1次体温。摸摸孩子的手脚,问问孩子还觉得冷吗? 如果孩子冰凉的手脚开始温暖,孩子说不觉得冷了,立即要给孩子减少衣服或盖被。不会说话的孩子可以试着减少衣被,如果他还有寒战,就暂时不减少;如果没有明显寒战,一定要减少。这些预示着孩子进入了发热第二期:高热持续期。

2. 第二期:高热持续期

此期体温升到一定高度,就不再上升,孩子手脚开始变暖,寒战消失。

在儿科候诊区,有时会听到某位家长忽然大叫:"快来人啊!孩子抽了!"当护士过去查看时发现,抽搐着的孩子常被家长里三层外三层地穿着厚厚的衣服。此种现象在冬天容易出现,是因为家长没能识别高热持续期的到来,及时地给孩子减少衣服,使孩子的体热散不出来,从而导致其大脑过热而出现了抽搐的现象。所以,我们一定要及时识别这个时期,除了继续用冰袋冷敷前额外,一定要第一时间给孩子减少衣被。

在医院,孩子发生了高热惊厥,有医护人员就治。如果孩子在家发生了高热惊厥,也不要担心,教您一些处理方法:立即让孩子侧卧,特别是头部要侧着,以防分泌物堵塞呼吸道;如果孩子口腔有分泌物,要及时擦干净;有食物或异物时,想办法取出,以防吸入造成窒息;解开衣被散热;解开衣领,以保持孩子呼吸顺畅;最好第一时间用冰袋冷敷前额以快速降颅温,没有冰袋,紧急时就随便从冰箱拿出什么冷的东西,包个塑料袋置于前额,譬如,瓶装饮料、袋装速食等都可以。有的会做掐人中的救治,但临床上对其效果有争议,可以不做。还有的会用包着纱布的压舌板放于孩子口中,防止孩子抽搐时咬伤舌头,但我们临床实践数年发现,一般的高热惊厥,不用压舌板,孩子也不会咬到舌头。有的家长情急之下会把手指放入孩子口中,这样做非常危险,因为孩子在抽搐时,咀嚼肌力量超强,有可能会将手指咬伤。用压舌板要看具体情况,如果是颅脑损伤的抽搐,或抽搐时间太久的孩子,或有舌咬伤等可能的其他情况,还是要使用。使用压舌板时注意动作轻柔,不要太过暴力而对孩子造成二次伤害。孩子一般抽搐数分钟至数十分钟即会自动停止,我们只要保护好他,别发生坠床等意外即可。如果孩子抽搐时间较久或有其他紧急情况时,请及时拨打120求救。

此期孩子的体温将维持在一定的高度不降,我们还可以给孩子进行温水擦浴,这也是一种物理降温法。①找一个柔软的毛巾,不要选择粗糙的毛巾,孩子皮肤娇嫩,反复擦拭会因引起疼痛而反抗;②取一盆温水,水温要比孩子的皮肤温度高点,但又不能太烫,因孩子对热较敏感,稍热孩子就会不配合;③将毛巾放入温水中浸湿后拧干,但不要太干,使毛巾在孩子的皮肤上沾擦时有水分又不至到处流淌。温水擦浴的目的是:当皮肤表面的温热的水分蒸发时,带走体热以达到降温的效果,还可扩张皮肤血管,促进热量的排出。但如果水很快凉了,反倒会使皮肤血管收缩。

成人物理降温要求反复擦拭皮肤至发红为止。但如果给孩子这样擦,擦几下他的皮肤就会有出血点,因为孩子的皮肤太娇嫩。一定记得,给孩子温水擦拭时要轻轻沾擦,使皮肤上有水分即可。擦拭的部位记住 3 个地方即可:颈部、腋下、大腿内侧(腹股沟)。因为这 3 个地方是我们人体大血管经过的地方,效果较佳。还可擦拭手臂、腿部等。擦完要使局部皮肤充分暴露才有效。记住一些避免擦拭的地方:①胸部,特别是心前区,此处受凉会使人体感觉不适,且会使肺血管及全身血管反射性收缩,影响呼吸及皮肤散热。降温时,主要以皮肤散热为主,但人体的呼吸道散热功能也须重视。大家都知道狗是通过嘴巴散热的,因为狗的皮肤没有汗腺。想想那么大一只狗,小小的嘴巴就可完成散热功能,可想我们人体的呼吸道散热功能也不可小觑。②腹部,脐部是我们腹部最薄弱的地方,此处受凉会导致肠蠕动加快,易致腹痛、腹泻的发生。③足底,医学书上有句话,足底受凉会使心脏的冠状动脉发生一过性收缩,有致猝死的危险。特别是有基础心脏病的孩子更要注意。

从中医角度讲,足底是我们全身穴位的所在地,这也是我国现在的足疗行业如此盛行的原因。足疗,多以温热疗法为主,温水泡足可取,但温水擦足或冰敷会使足底受凉,不建议采用。温水擦浴时,提倡足底放热水袋,以减少脑充血及增加舒适度。但对小儿,一定要注意热水袋不可过烫,一是孩子皮肤娇嫩,二是孩子好动,很容易导致皮肤烫伤,如果使用,需要专人看护。

每次温水擦拭可以持续 3~5 分钟,视孩子的配合程度,可以多次擦拭,全过程不超过 20 分钟。擦完隔半小时量体温,如果降至

38.5 ℃以下(有高热惊厥的孩子应记得是 37.8~38.0 ℃以下)就可以停止使用冰袋和温水擦拭降温了。

自古以来,医学上都主张发热以物理降温为首选,在物理降温无效的情况下才建议药物降温。但物理降温,特别是温水擦拭要反复进行。现在的生活节奏变快,人们也变得容易急躁,没有耐心。有些家长还会对医生迟迟不用退热药而暴躁发怒。其实医生只是想让孩子的体热再杀一会儿体内的病原体,如果孩子没有其他严重的基础病,发热时,只要用冰袋保护好大脑,躯体内的高热最多会死些红细胞。孩子的造血功能特别旺盛,一般不会有太大的损害,不用太着急! 其实,是药三分毒,如果家长们能坚持用物理降温法去给孩子退热,那么,每成功一次,对孩子的损害就相对减少一次。

最后提醒一下,有高热惊厥史的孩子,还是要尽早使用退热药退热,有时如果孩子有头痛、全身不适等症状时,也可以在体温未达38.5 ℃即用退热药。因为退热药还有止痛、缓解全身不适症状等功效,具体应交给医生来决断。

3. 第三期:退热期

高热持续一段时间后,孩子皮肤本来是烫烫的、干干滑滑的,忽然摸孩子的脖子及后背感觉黏黏的甚至汗湿了,这时家长们就可以把心放肚子里了,因为孩子进入了退热期。此期仍要量体温,如果体温在38.5 ℃以上,冰袋和物理降温措施要继续。当体温低于38.5 ℃时,就可以撤掉冰袋,停止物理降温了。此期还要做的是及时擦干汗液,更换汗湿衣物以增加孩子的舒适感,防止汗湿衣物导致的进一步受凉。

这3个时期都要给孩子喝水,特别是第3个时期。出汗多会使孩子脱水。

下面总结一下发热的基本处理步骤。

(1)体温上升期:体温在38.5 ℃以下时,感到冷的孩子注意保暖,不觉得冷的孩子,不用特殊处理;体温在38.5 ℃及以上时,不觉得冷的孩子,开始给予物理降温。

(2)高热持续期:继续物理降温,必要时药物降温。

(3)退热期:及时擦干汗液。体温在38.5 ℃以上,继续物理降温;体温在38.5 ℃以下,停止物理降温。多喝水。

（以上温度对有高热惊厥史的孩子为37.8~38.0 ℃。）

上面的3个时期是发热的典型表现,也有不典型的,如一直处于低中热状态,或家长没注意一下就到达高热状态等。不管是哪种,根据临床表现及体温,找到对应的时期,护理方法都是一样的。

至此,发热的护理介绍就结束了。内容看着很多,但明白其中道理后处理也就不那么复杂了。以上的处理方法学会了以后,孩子再发热就不要半夜三更紧张地朝医院跑了。一是夜里医生都很疲惫,让他们也能好好休息一下;二是半夜这样折腾,一家人的睡眠时间都被打扰,夜里睡不好,必定会影响第二天的工作和生活,次日一家人一整天可能都处于较糟糕的状态。除非有过抽搐史或其他严重疾病的孩子,一般的发热不用太担心,按以上措施在家先处理,待到次日再带孩子去医院就诊。但如果家长不能正确判定孩子疾病情况,还是要及时到医院就医。

以上操作对于小婴儿,特别是新生儿不太适合,因为他们不需要那么复杂的处理方式,只要通过简单的减少衣被和降低过高的室温就可使体温下降。

还有的书上经常会提及的乙醇擦浴,对儿童特别是皮肤娇嫩的小儿不提倡使用。因为乙醇会对皮肤有刺激性,还会导致过敏反应,如果是有抓伤的孩子,还会引起皮肤的疼痛。好动的孩子还会引起安全隐患等。

降温贴因其使用方便,在临床上一直流行,但对于高热时的降温效果没有冰袋来得快,特别是降颅内温度。有些对降温贴过敏的孩子也要慎用。

孩子有一种积食导致的发热,在此提醒一下家长们。积食性发热以前常见于中秋节前后,家里月饼等甜品增多,孩子难免控制不住,进食过多时就会导致食物淤积,身体消化不了而发热。现在暴饮暴食是常见原因之一。这种情况一般只要让孩子控制饮食,使用些助消化的药物,等食物消化了自然就好了。所以家长平时要注意避免孩子暴饮暴食及大量进食甜品。

第二节　咳　嗽

除了发热,孩子还有个常出现的症状:咳嗽。孩子咳嗽较发热而言,家长通常没那么焦急,很多家长等到孩子咳嗽剧烈了,甚至都影响休息睡眠了才会想到带孩子去医院就诊。其实,孩子在开始咳嗽时我们就要重视了。那么,咳嗽是什么原因导致的呢?

一、概述

我们的呼吸道是用来吸进有益气体(主要是氧气),排出废用气体(主要是二氧化碳)的。当呼吸道有异物刺激时,机体就会触发咳嗽动作来清理异物,所以,咳嗽与发热一样,也是我们身体的防御反应,是种警示信号。没有咳嗽动作,我们呼吸道异物排不出,就会导致呼吸道感染或损伤,继而影响我们正常的呼吸功能。上面所说的异物,可以是看得见的东西,如毛絮、误入的食物等,但是,绝大多数是我们肉眼看不到的东西,如细菌、病毒、支原体及其他致病微生物、粉尘、空气中的其他杂质等。我们的呼吸道很敏感,这些物质进入其内后,机体就会立即促发咳嗽动作,以最快的速度最短的时间将其排出。但异物有时不是那么容易被清除掉的,留下的异物就会慢慢侵袭、损伤呼吸道表面黏膜。在损伤的过程中,机体会分泌出杀灭或包裹这些异物的黏液及免疫性物质,它们包裹在一起就形成了痰液。咳嗽动作会持续促发,以使痰液排出。

举个例子说明:大家都见过皮肤伤口的脓液吧,其实脓液和痰液的成分是类似的。到了医院,医生首先会对有脓液的伤口进行清创,去除污染腐败的物质,这样才能有助于伤口的修复。同样道理,呼吸道的痰液我们也要尽快清除。痰液排出快,好得也快。在治疗上除了使用抗生素等杀灭微生物的治本举措外,还会使用化痰药如氨溴索等。

二、化痰与止咳的区别

很多人会把化痰和止咳混为一谈。止咳是制止我们咳嗽,对于感染性呼吸系统疾病一般不主张使用,只有在过敏性、刺激性干咳或咳嗽过烈已影响到休息、睡眠时才适合使用,因为,制止咳嗽也就是在阻止痰液的排出,不利于炎症的消散。化痰,是将本来黏稠、浓厚、不易咳出的痰痂化成稀薄的大颗痰液,一方面体积变大更容易触发咳嗽,另一方面痰液变稀薄了也容易被咳出。所以,在使用化痰药后,要及时地咳嗽排痰。如果化开的痰不及时排出,时间久了随着呼吸,痰液的水分蒸发,痰痂又会变浓稠,痰就白化开了。

三、咳嗽的应对

孩子力气小,有时咳嗽不容易将痰咳出,我们家长能为孩子做的一件重要的事是:为孩子拍背。背拍得好,孩子痰出来快,好得自然也快。拍背有讲究,随便拍不仅起不到效果,还会因不舒适遭到孩子反抗。具体方法如下。

首先我们要知道肺在哪里。后背的中央是脊柱,两侧的上半部分是肋骨,肺就包裹在肋骨内。拍的时候我们首先要从孩子两侧腰下方开始向上按着摸,没有肋骨包裹的柔软的地方不要拍,因为那里的下方有脆弱的脏器如脾脏、肾脏等。用力过大时会导致孩子不适,甚至损伤脏器。应继续向上摸,摸到硬硬的肋骨的边缘时,从肋缘的上方开始拍才有效。经常看到家长对着孩子的腰部拍,是无效的。拍的时候我们要用手握空心掌。如果用平掌拍,会像打人一样,很痛。拍时还要注意用柔软的手腕力量,不要让手腕直直硬硬的,那样的拍打就像拿棍子打人,也会很痛,这个动作建议家长先互相练习,或在自己的大腿上拍打练习,保证既要有力,又不至于疼痛。练好了再给孩子拍。如果拍不好一旦孩子反抗了,下次再给拍背就不容易接受了。拍的时候速度要快,100~200次/分钟为佳,速度太慢不容易一鼓作气地将痰拍出来。一侧背部拍时要从下向上,拍完再拍另一侧,体型大的孩子拍一侧时,可以从靠腋侧的下方向上拍,再从靠脊柱侧的下方向上拍,这些都是根据肺内的树枝状支气管走向而定的。每次可以拍3~5分钟,以孩子的承受力及排痰状况而定。

拍背的时间点有讲究,具体包括以下几点。

（1）最佳拍背时间是在孩子开始咳嗽时，您的正确拍背可以使孩子很轻松地完成一次有效的咳嗽动作。

（2）在用化痰药后要拍背，不然痰化开了不去拍，等痰又凝结了，就又不容易出来了，也就白化痰了。

（3）如果孩子有做雾化吸入治疗，在雾化结束了也要拍背，因为无论雾化的是何种药物，其内都会有水分，水可以稀释痰液，使痰容易被排出。有些雾化药还会是化痰药，更需要及时拍背。

（4）可以一天3次清肺式地给孩子拍背，以促进孩子咳嗽和排痰。

您的有效拍背直接关系着孩子康复的时间，且抓住最佳时期拍背可起到事半功倍的作用。所以孩子再有咳嗽时，记得立即拉过来帮拍一会儿背。在住院期间，会拍背的家长，孩子一般会恢复得较快。

大点儿的孩子，我们可以教其有效咳嗽的方法：先慢而深地呼吸两次，待第三次深吸气后，用力地将呼吸道深部的痰液咳出。有效咳嗽与拍背相结合，更利于痰液的排出。较小的孩子无法教导，只能靠家长的拍背来帮助排痰。

多喝温热的白开水也是化痰排痰的重要措施，贯穿呼吸系统感染性疾病治疗的始终。

第三节　鼻出血

一、概述

孩子非常容易发生鼻出血（又叫鼻衄）现象，这是因为我们的鼻腔内上方，有一处黏膜较薄弱，且黏膜下有丰富的毛细血管网，可起到温化和加湿吸入的空气的作用。但因为黏膜较薄，容易破，且一破就会出血很多。常见的原因多是鼻部受凉，使局部毛细血管收缩，黏膜变得干燥而易破损。干燥后，会导致我们的鼻部不适，孩子就会用力揉鼻，或用手抠鼻，更易导致鼻黏膜损伤出血。

二、鼻出血的处理

发生了鼻出血,家长不要惊慌,按以下操作一般即可快速止血。

紧急止鼻血法:立即用大拇指将出血侧整个鼻翼压向鼻中隔(向对侧鼻腔的方向压,而不是向本侧鼻腔下方压),按压5分钟,不能松,力度稍重但以孩子能承受为度。家长可使用大拇指压迫孩子鼻翼,其余四指固定孩子的脸颊,避免孩子头部晃动影响止血效果。让孩子头稍前倾,勿后仰,以避免血液流向咽喉部产生恶心、呕吐,不仅会导致不适,还会因腹压增加而加重出血。在压迫过程中,千万不要一会儿松开手看一下是否止血,要坚持至少5分钟,如果反复松开压迫,会很难彻底止血,压迫的计时也要重新开始,压迫过程孩子有不适感,多一分钟都是痛苦,记得坚持压5分钟,一气呵成。一般通过这个简单方法可止血。普通鼻出血不要紧,经常出血一定要去医院看有没其他问题。血止住后,为避免再出血,可用红霉素眼膏等轻柔地、薄薄地涂一层在鼻腔内上壁(此操作最好经过专业人员指导过再执行)。之后,每晚睡前使用效果较佳,该药膏不仅可防止感染,还可保护黏膜防止再出血。但使用不宜超过3日,以免产生耐药性。

临床还主张用棉球等物填塞鼻孔止血,医生所用的填塞物通常是止血海绵,但如果我们用干燥的棉球等填塞鼻孔,待取出来时,起止血作用的血痂有可能被同时拖出,会导致再次出血。而且填塞止血需要的时间较长,容易影响呼吸增加孩子的哭闹时间,孩子哭闹了会增加血管内压,容易加重出血。相比之下,压迫止血更简单及有效。

鼻出血的原因还有可能与出凝血功能异常、外伤、异物、感染等有关,需要经专科医生予以鉴别及诊治。

第四节　睡觉摇头

一、概述

正常情况下,孩子睡眠时应该是安静、舒适、呼吸均匀无声的状态。如果孩子出现了睡觉摇头的现象,先不要过度的担心,很多时候都是孩子一种本能的反应,是一种潜意识睡眠的正常状态。也就是说孩子刚入睡时出现摇头多是正常现象,等睡熟了这种现象也就消失了。还有的孩子只是因为枕头不透气或太热出汗等原因,导致枕部瘙痒不适而出现摇头现象,这种只要保持后枕部干燥舒适就可减少孩子摇头。

二、睡觉摇头的原因分析及应对

1. 湿疹

很多孩子周岁前都得过湿疹,湿疹是一种皮肤疾病,发作时可导致瘙痒难忍。当头枕部、耳部的湿疹发作时,低月龄的孩子不知道用小手去挠,那么他只能本能地做出摇头的动作,通过与枕头的摩擦达到止痒的目的。对于湿疹导致的摇头,应及早就医,促进湿疹的康复。孩子发生摇头时,家长可以用指腹帮孩子轻抚头枕部等产生瘙痒的部位,让孩子感到舒适,他就会减少摇头了。同时要让孩子保持凉快,湿疹在潮湿闷热的情况下会更加严重,不要让孩子穿太多以致出汗,枕头保持清洁干燥,必要时换透气性较高的枕头,室内温度低一点,也可缓解摇头症状。

孩子长期睡觉时摇头,可使枕后的头发因摩擦而脱落,出现枕秃现象,这个不用担心,待睡觉摇头现象消失,头发慢慢就会长出来。

2. 缺钙

缺钙的孩子会因易出汗,以致睡觉时枕部闷热瘙痒而出现摇头蹭枕的现象。但很多家长们认为孩子摇头就是缺钙的一种表现,甚至觉得孩子长身体时都缺钙,然后就盲目地给孩子补钙。盲目补钙容易导致钙补充过量,除了可引起孩子便秘、厌食等,还可使钙质在脏器组织沉着,甚至出现脑钙化。如果在过量补钙的同时摄入含草酸类的食物,就有可能会与钙结合形成草酸钙结石,沉积在人体。如果结石过大,会导致肠道或尿道无法正常排出,增加人体患结石病的风险。对于小婴儿,会因骨骼过早钙化,使囟门提前闭合,出现小头畸形。极少数孩子补钙过量会引发"鬼脸综合征",主要表现为:大嘴、上唇突出、鼻梁平坦、鼻孔朝天、眼睛的距离增大等。所以对于补钙,我们要慎重。我们首先要了解导致孩子缺钙的常见原因,具体如下。

(1)妈妈在怀孕期间缺钙,会造成新生儿出生就缺钙。

(2)孩子生长速度过快,使体内的钙元素相对缺乏。

(3)含钙及含维生素 D 的食物摄入不足。

(4)胃肠道等疾病导致的维生素 D 及钙的吸收障碍,以及甲状旁腺、肾脏疾病等导致的低钙。

(5)晒太阳时间太少,使维生素 D 合成不足,导致钙吸收障碍。

(6)黑种人因皮肤含黑色素多,日光穿透不足,影响维生素 D 的合成。

对于缺钙的判断,家长们常会要求做微量元素的检测,但在缺钙的早期,血钙并不一定降低,因为一般我们体内的钙99%是用于形成骨骼,只有1%存在于血液及肌肉等软组织中。有的主张用骨密度测试来看钙是否缺乏,这个根据现有科技水平,尚存在争议,且不同年龄段人群的检测结果意义也不同。所以,需要医生通过病史、临床表现、一系列血生化检查、骨骼 X 射线检查等综合来判断是否缺钙。孩子缺钙的表现如下。

(1)不易入睡,睡觉不实,出现夜惊、夜啼症状。

(2)夜间盗汗。

(3)性情异常,会出现烦躁、爱哭闹、坐立不安等表现。

(4)出牙晚、牙齿参差不齐。

(5)枕秃。

(6)前囟门闭合延迟。

(7)生长迟缓,学步晚,骨质软,表现为"X"形腿或"O"形腿。

(8)蛙状腹,由于缺钙致肠壁肌肉松弛,引起肠腔内容易积气而形成。脊柱的肌腱松弛可出现驼背,还可出现鸡胸、肋骨串珠。

(9)食欲不振,智力低下,抽搐等。

对于严重的缺钙,需要医生来进行专科的诊治。下面给予家长们一些关于预防缺钙及补钙的建议,具体如下。

(1)积极调整孩子饮食结构,严格按膳食宝塔原则摄入均衡膳食。对于 6 个月以内的小婴儿,纯母乳喂养的同时,喂养的母亲也要注意均衡膳食。6 个月后的小儿,要根据小儿不同年龄段膳食表来进行合理的喂养,并及时添加蛋黄、肝泥等富含维生素 D 的食物。

(2)每天保证至少 2 小时晒太阳。因为钙补再多,没有维生素 D 的帮助,人体也是无法吸收和利用的。而我们人体的维生素 D 90% 以上是靠紫外线照射皮肤生成的,所以晒太阳能间接促进钙的吸收。

(3)补钙,通常以补充维生素 D 为主,一般只要维生素 D 补充足了,营养均衡时,缺钙的问题也就随之解决。要严格按照医生的医嘱进行维生素 D 和钙的补充,不可盲目进行。母亲缺钙影响孩子时,母亲和孩子都积极补充维生素 D 和钙的同时,待母亲维生素 D 和钙补足了,孩子通过母乳喂养,就可重新获取充足的维生素 D 和钙。

(4)给孩子定期体格检查,尽早发现缺钙问题,及早治疗。对于缺钙所致的摇头,待钙补足了,摇头症状也会消失。

3. 中枢神经系统疾病导致的摇头

这种情况不容忽视,睡梦中孩子的头部呈现非正常的晃动,在个别情况下孩子身体的其他部位乃至全身也会一起摇动。这有可能是神经系统等病症导致,更要专业医生来区别! 要及早就医!

4. 其他原因导致的摇头

如果孩子不仅仅摇头,还经常碰耳朵,拉扯耳朵,可能是得了中耳炎、耳道湿疹,或被蚊虫叮咬等。这些情况都会使孩子耳朵痒,那么孩子会本能地出现摇头的反应。当家长们无法辨别时,要及时就医让医生来鉴别。

第五节 哭 闹

一、概述

孩子哭闹,是一种非语言的表达。对于可以语言交流的孩子,家长可以诱导其通过语言来表达哭的原因,相对要好处理一些;但对于尚不会表达的孩子,需要家长们细心地辨别孩子哭闹的意义。

二、哭闹的原因分析及应对

首先,看孩子是不是渴了或饿了。6个月内婴儿的喂养需要按需哺乳,即孩子饿了或妈妈奶胀了都是喂奶的指征。孩子饿了的表现有嘴巴如吸吮般张开、闭合、伸舌头,或将头转向一边,碰到任何物品就做出吸吮状,饿得厉害了就会大哭。这种哭闹,一般通过及时地喂哺就可解决。但有时孩子会因生气而拒绝吃奶,所以得先把他哄好了再喂哺。可对着孩子轻柔地说:"宝贝对不起! 妈妈没注意让你饿着了,别生气了,我们来吃奶!"等一些话,再抱着孩子抚慰一下,有时他像能懂似的,慢慢就平息了,也就愿意吃了。

其次,如果不是渴了或饿了,再看孩子是不是尿了、排便了或哪里有不舒服了。尿了、排便了要及时更换尿布。对于其他的不舒服要积极寻找原因,如果有皮疹,可以适当抚触皮疹处止痒等,还可能有胃肠道不适或发热等其他不舒服,必要时就医。

如果没有以上问题,可能就是心理需求了。对于小婴儿,可以适当拉拉其小手,摸摸额头,轻声跟孩子讲讲话,特别是平时最亲近的人的话语会起到安慰的作用。必要时适当抱抱,但不建议一直抱着,抱习惯了就放不下了。也可以换下环境、给一些音乐、玩具等逗引孩子分散注意力,可望缓解哭闹。有的家长舍不得让孩子哭,其实对于小婴儿来说,适当地哭,可以增加肺活量,哭还是一种情绪的发泄,是利于孩子健康的。但要避免长期久哭就行,以免导致疝气、过度换气致酸碱失衡等问题的发生。

大点儿的孩子开始有较多的心理需求,当得不到满足时就会哭闹。要了解孩子的心理需求,就需要孩子能准确地表达出自己的内心想法。但有时孩子就是不爱表达,一是可能因他的语言表达不够丰富,尚不能准确说出原因而不愿表达,其实他可能自己憋着也很痛苦。对于不会表达的孩子,需要家长给予语言方面的引导和启发,鼓励孩子表达出来。二是可能孩子不敢说,怕说了会挨骂。这种常见于家长习惯用恐吓、辱骂等方式对待孩子,使孩子在心理上已经产生恐惧的心结。我们对于孩子的一些看似"不合理"的要求,要多从孩子的角度看待,因为有时他并不认为自己的要求不合理,我们首先不批评、不嘲笑,再告诉他,他的要求为什么不能给予满足,如果满足了会带来什么危害等。与孩子平等交流、耐心沟通,鼓励孩子避免用哭等方式表达自己的内心,慢慢打开孩子的心结。

第六节　磨　牙

小儿磨牙也是经常发生的问题,其原因及应对方法如下。

1. 肠道寄生虫感染

如:蛔虫感染,会刺激肠道夜间蠕动,致孩子出现咀嚼动作,即磨牙。

对策:这种只要化验一下粪常规就可检出是否有寄生虫感染。

2. 睡前兴奋性过高

如:睡觉前剧烈的运动、看较刺激的视频等,通过精神心理因素的作用,使颌骨肌肉张力过度。

对策一:如果明确有以上问题,就要注意让孩子睡前不要做太兴奋的事。如:很多家长会给孩子听睡前故事。甜蜜、轻松的故事会有助于促进孩子的睡眠,但如果是特别让人兴奋、激动、紧张、恐怖或很需要脑力的故事,可能不太适合作为睡前故事,不仅可能导致孩子磨牙,还可能导致睡眠质量欠佳甚至做噩梦等。所以睡前故事要适当筛选。

对策二:消除紧张情绪,解除不必要的顾虑,合理安排生活学习。

对策三:睡前休息放松;做适当的运动;改善睡眠环境,如灯光调暗、噪声去除、房间布置温馨;还可适当地给予按摩、听催眠音乐等,有利于减轻孩子大脑的兴奋状态,调动自我控制意识,减轻其磨牙的发生。

对策四:必要时就医,用精神性药物辅助治疗。

3. 睡前不当进食

如:睡前吃太多食物,导致晚上消化不良;吃容易引起兴奋的刺激性食物等。

对策:这些问题导致的偶尔磨牙不要紧,如果长期出现那就要重视了,需要采取控制食量、晚饭早吃、清淡饮食、饭后运动等措施,可缓解磨牙症状。

4. 缺乏维生素和矿物质,特别是钙

对策:建议家长不要因为怀疑缺少这些物质就给孩子补充相应物质,缺乏这些物质还会伴有其他症状,不要盲目补充。无论缺少什么,需要让专科医生来鉴别,并要严格遵照医嘱去补充和治疗。

5. 牙齿不齐

牙齿不齐会导致两侧咀嚼肌不对称。正中𬌗或侧向𬌗早接触是最常见的磨牙症始动因素。在换牙期,大部分儿童由于咬𬌗关系不协调,接触高点致使上下牙𬌗不能很好地吻合,于是小儿常会出现一种下意识的意念:想使多数的牙齿紧密接触。在熟睡中这种白天的意念就会变成咀嚼肌痉挛和收缩而引发夜间磨牙。还有咬肌肥大、颞下颌关节紊乱综合征等。

对策:去口腔科就诊,严重的要进行医疗干预,不太严重的,随着发育会慢慢好转。

无论什么原因导致的磨牙现象,如果经常发生,会导致孩子牙面的损坏,影响咀嚼功能。所以即使原因无须干预,还是需要做保护牙齿的措施,可以佩戴𬌗垫,打开咬合,阻断上下颌接触。这需要到口腔科就诊。

第七节　头皮血肿

孩子头重脚轻,摔跤时经常是脑袋先着地,所以头上摔个大包

的情况还是屡见不鲜的,即头皮血肿。其应对方法如下。

1.无皮肤破损的头皮血肿

立即用冰袋冷敷血肿部位(冰袋制作及使用方法详见第三章第一节内容)。有孩子的家庭,建议冰箱内常备冰袋,冷敷可使皮下出血处的血管收缩,避免血肿继续增大。轻者伤后要注意观察,重者立即就医。有些颅内损伤短时间看不出明显症状,如果孩子出现头晕、头痛、喷射性呕吐、精神改变、嗜睡、易哭闹、尖叫、行为及其他异常情况,应立即就医。

2.有皮肤破损的头皮血肿

轻者需要就医进行伤口消毒等处理。伤口较大者有时需要清创及缝合等处理。出血较多时,立即用无菌纱布压迫出血部位予以止血。当身边没有无菌物品时,可用相对清洁软质物品压迫止血,紧急时予徒手压迫止血,避免过度失血危及孩子的生命,然后紧急就医。

第八节 恋 物

儿童恋物的表现多样,常见如下:吸吮拇指或安慰奶嘴,喜欢睡觉时固定抱或抚摸一个物品(毛绒玩具、某件衣服、被角等),抚摸家人或自己身体的某个部位等。这些习惯的产生多是因为孩子在最开始时,某些心理需求不能被经常性的满足,而产生替代性的自我安慰。譬如,对饥饿、环境或身边人的恐慌、不安、害怕等,造成孩子得不到安全感而产生的恋物;或是依恋某些事物带来的快感等。

一、恋物带来的弊端

对于这个问题首先要重视! 很多观点认为这个问题没什么,孩子长大就好了。有些确实能好,但有些却带来很多不良后果。譬如,吸吮拇指,婴儿有一种天生的吮吸欲望,这种欲望通常在6个月后逐渐减弱,但是,许多婴儿会继续吮吸自己的拇指来安抚自己,如果这个现象长期存在,会导致一些后果,主要如下。

(1)长时间地吸吮可能会使手指变粗、变大,影响手指的美观或手指的一些精细的运动,严重的会造成手指畸形等。

(2)手指长时间泡在唾液中会使皮肤损伤,易引起局部皮肤的感染。

(3)嘴部长时间处于吸吮状态,可能会引起下颌的发育不良,牙龈异常,下牙齿的对合不齐,妨碍咀嚼的功能及影响嘴部外形的美观。

(4)吮吸拇指会导致某些言语障碍,如:可能不会连发音,说 TS 和 DS;说话口齿不清;说话咬舌头等。

还有些所恋物品,存在长期不能更换、清洗及消毒的问题,给孩子的健康带来隐患。在心理上,孩子常在不能及时得到相应物品作为安慰时,变得急躁、恐惧、焦虑甚至达到需要心理治疗的地步,给孩子心理带来巨大的痛苦。

二、恋物的应对方法

很多时候,家长表面是想让孩子少哭而任由孩子恋物,实则是没有更好地应对孩子哭闹的办法。对于孩子的恋物,我们需要重视的同时,不要太紧张,因为一般都是可以矫正的,主要应对方法如下。

1.早重视,早干预

虽然许多专家建议忽略学龄前儿童或更年幼的儿童恋物的习惯,但这里还是建议,对于后果较严重的恋物行为,越早矫正越好,无论什么习惯,养成时间越长,越难改正。

2.积极寻找原因,采取相应对策

积极寻找导致孩子恋物的原因,针对原因采取相应对策,是治本策略。具体原因分析及对策如下。

(1)有让孩子恐惧的环境或物品:必要时应予以远离或更换。如对于恐惧狗的孩子,不要强行让其接触狗,严重恐惧的孩子,即使狗的叫声都要适当避免。待孩子慢慢长大了,心理承受能力逐渐增强了,再慢慢予以接触,以适应性地解除恐惧。无法远离或更换的因素,先找出主要恐怖因素,譬如孩子对黑暗恐惧时,尽量避免让孩子单独在黑暗的环境中,或将环境光线提亮等。

（2）有让孩子恐惧的人员：可能是某些家长或亲密接触者经常会用粗暴的态度对待孩子。要提醒其注意对待孩子的方式，多给予孩子关爱，平时对孩子的错误和不足，要有耐心地给予指导性矫正，用温柔体贴的语言安慰。对于人员的恐惧，有时很难让别人去改变方式，但其他人员可以补偿式地多示爱意，来缓解孩子恐惧心理。孩子对妈妈过度依恋时，会使孩子产生分离恐惧，这种情况待妈妈慢慢恢复工作，习惯了也就好了。妈妈每日离开宝宝时，不要表现出比宝宝更舍不得分离，从心态上要让孩子感觉到分离是件很正常的事情。等妈妈回家后，要多与孩子交流，讲讲在外面做了哪些事情，让孩子知道，妈妈不是因为不喜欢他、不要他了而离开他的，孩子慢慢就会因理解而用平常心对待与妈妈的分离。

（3）经常喂养不及时：会导致孩子过度饥饿而产生恐慌，这种多见于过度忙碌的家长，常忽略了孩子的基础照护。家长要注意及时喂养，无法做到及时喂养，至少要保证孩子能有可自取的食物来临时补偿一下，不要让孩子长期处于被疏忽的状态。

（4）孩子吸吮手指或安慰奶嘴的行为，多是其在1岁以内的口欲期没有顺利度过所致。孩子的口欲期来源于其通过口来摆脱饥饿、通过哭来表达诉求、通过往嘴里塞东西来感知世界等，所以孩子会迷恋于通过吸吮而带来的快感和安全感。此期最好的应对办法就是父母无微不至的关爱和教导，使孩子少挨饥饿、多得到家人的关注和理解、多得到对世间万物的知识了解，以减少孩子焦虑的发生，从而减少孩子吸吮手指或安慰奶嘴的行为。我们还可以通过欲望替代疗法来慢慢戒除该行为，譬如，在吸吮侧的手里放一些他特别喜欢的物品或玩具让其把玩，或不让孩子太闲，给予一些需要用手的玩乐的方式。还可以戴手套或者用一个固定绷带或布裹住拇指，去提醒孩子不要吮吸拇指，但这种对于懂事的孩子最好事先沟通，告诉他不是惩罚，只是提醒，以免孩子因不解而心理受到伤害。大的孩子可以通过道理讲解，告诉他这样做的后果，让其通过意念去克服。

对安慰奶嘴等物品的依恋行为，与吸吮手指相比，矫正方法更容易些，因为家长可以控制物品的去留。需要家长意识到该问题的严重性,才能有解决的动力。

（5）喜欢摸皮肤的孩子,可能是"皮肤饥饿症"的前兆,常是孩子缺乏妈妈的肌肤亲密接触所致,现在提倡的从新生儿开始,妈妈采取与孩子肌肤相贴进行母乳喂养的方式,是解决该问题的措施之一。

3. 循序渐进,耐心矫正

不主张强行矫正孩子的恋物问题,避免用训斥、恐吓、羞辱等方法对待孩子,这样有时不仅无效,还会加重依赖。要循序渐进地进行矫正,摸出孩子恋物的规律和时间,每天计时。譬如,对于孩子吸吮手指:如果以前一天吸吮 10 小时,慢慢通过干预,减少到 8 小时、6 小时……慢慢让孩子在不知不觉中改掉这个习惯。千万不要心急,不要想一次让孩子完全改掉。当孩子恋物情况有所改善时,要给予及时的表扬,以鼓励孩子坚持下去。

总之,学龄前儿童的这些恋物行为通常不算什么严重问题,帮助孩子矫正的同时,要相信他们可以克服,同时给他们足够的时间,慢慢引导,大多数孩子都能矫正,只是在幼小年龄时,我们就要足够重视,以免不去积极应对而让孩子产生无法自我克服的心理问题,影响成年后的心理发育。如果通过以上措施都不能矫正,或出现了严重的身心问题,需要及时带孩子去看专科医生,必要时可能需要心理医生的干预。

第九节 腹 痛

很多孩子在发育过程中都会有腹痛的症状出现。当孩子发生腹痛时,我们首先要找原因,看有无进食不当,如进食不洁、生冷、刺激性、不适宜该年龄段儿童食用的食物,暴饮暴食、不规律饮食等。或有便秘、腹泻、腹部受凉等原因,如果有明确原因,在注意规避这些原因后,腹痛多会缓解。

不明原因的腹痛及腹痛症状较重、时间较久或伴有其他症状时,要及时就医,让医生来进行诊治,有时需要借助血液、粪便、B超、CT、胃肠镜等辅助检查来排除原因。儿童常发生便秘、腹泻、肠套叠、肠梗阻、疝气、阑尾炎等病症。还有病毒性心肌炎,也可能发生腹痛。一方面孩子无法准确表达具体位置,另一方面孩子的神经发育不完善,痛点也不容易位置明确,疾病的症状有时也不典型,这需要家长细致地观察和辨识,不可大意。临床上会有儿童发生了肠梗阻而不及时就诊,最后导致肠坏死而需切掉很长一段肠子,以及阑尾炎拖延成穿孔而需要更大代价治疗,甚至危及生命的惨痛教训,还是需要家长谨慎。医学书上明确说明:有 1/3 的腹痛是查不出原因的。所以,当通过医生的排查,查不出明显疾病时,也不用太担心,回去给予孩子合理喂养、规律排便、保持出入平衡,再注意一些腹部的保暖问题,通过调理孩子的腹痛一般都会慢慢好转。可以给孩子进行腹部按摩,无出血性疾病时,还可适当腹部热敷,有助于缓解腹痛症状,但对于孩子,须注意避免烫伤。

第十节 过 敏

先让我们来认识一下什么叫过敏。在正常的情况下,当外来物质进入人体后,大都面临两种命运:如果被机体识别为有用或无害物质,则这些物质将与人体和谐相处,最终将被吸收、利用或被自然排出;如这些物质被识别为有害物质时,机体的免疫系统则立即做出反应,将其驱除或消灭,这就是免疫应答发挥的保护作用。免疫应答是人的防卫体系重要的功能之一,但是如果这种应答超出了正常范围,在保护自身的同时出现了损害自身的反应时,这种情况称为变态反应,又叫超敏反应。临床上将变态反应分为 4 型,过敏是Ⅰ型变态反应的主要代表,临床上将其大致分为过敏反应和过敏性疾病。前者是机体对致敏原作出异常反应的全身综合征,如打喷嚏、咳嗽等;后者则是过敏累及某特定器官及组织,导致了某种疾病的发生。常见的过敏性疾病有过敏性哮喘、过敏性鼻炎(又称变应性鼻炎)、过敏性皮炎、过敏性休克等。

很多孩子会被过敏困扰,无论是过敏性咳嗽、哮喘,还是过敏性鼻炎、皮炎等,都是较难根治且易反复的一类疾病。那么,人为什么会过敏?为什么有的人会过敏,有的人却不会?为什么这个时期会过敏,过一个时期又不会?目前医学上对过敏产生的机制、诱发因素等研究的较透彻,但对前面这些问题的答案,尚无准确考证。

下面我们先从日常生活行为上来找找可能的答案。

我们的人体经过进化,与环境之间有着天然的屏障作保护,包括我们的皮肤和黏膜等。这些天然的屏障可以阻挡一些有害物质的侵入,对环境中一些有害物质有较强的抵抗力。但皮肤和黏膜下的组织却没有这么强的抵抗力,当我们的皮肤和黏膜屏障被破坏时,会使我们的组织直接暴露在环境中。如果我们的皮肤和黏膜经常被损伤,而又不能及时修复,那必定会使我们的组织不能适应环境而导致各种问题的发生,最常见的就是感染和过敏。那么,我们的皮肤黏膜是怎么受损的呢?大家印象里,最直接的皮肤损伤就是外伤,那是看得见的很明显的损伤,也容易让我们引起重视,但其实我们的皮肤、黏膜经常会被看不见的损伤所侵害。我们正常的皮肤、黏膜会分泌一些保护性物质,这些是无知无觉的。譬如,我们的头皮,一天两天不洗没感觉,但时间一长,就会有气味,其实就是这些保护物质堆积的味道,当然也会夹杂着灰尘,还会产生瘙痒感等。如果我们的屏障过于频繁地被清洗,又疏于涂保护霜露等,会导致皮肤失去保护物质而易受损。有人常嫌弃自己的头发脏,会天天去清洗,结果导致一天不洗头发就出油很多,其实这是皮肤在卖力地分泌保护物质,越洗分泌越多、越快,反倒会成为刺激头皮的因素,长期这样,头皮就慢慢地被损伤了。如果我们试着改变习惯,从1天1次清洗,慢慢减少到2天1次,再慢慢减少到3天1次,开始会不舒适,但时间久了,皮肤觉得你不需要那么多物质保护了,它也会分泌越来越少的保护物质,最终,使我们的头皮能与保护性分泌物和平共处。所以,根据每个人的体质及头发污染程度,每周清洗1~2次头皮的污垢,是合理的保护头皮的天然方法。如果因夏季出汗较多或其他原因确需每天清洗,建议选择温和的洗发用品,必要时,可以仅用清水冲洗一下汗渍等即可。无论是头皮还是全身的皮肤,对于娇嫩的孩子,都要如此来呵护。

当我们的皮肤、黏膜受冷时,其下的血管及腺体等会收缩,会导致表面的保护性物质分泌减少,我们的皮肤、黏膜就会干燥,时间一久,皮肤、黏膜也就容易受损了。当皮肤受热时,会出汗,汗液里会有一些刺激皮肤的物质,当汗液内水分蒸发后,那些物质就会变浓,并残留在皮肤上,如果经常出汗又不及时擦干,那皮肤也会被这些刺激物损伤。对于孩子来说,他们的肌肤特别娇嫩,对冷热的抵抗力更弱,所以避免孩子长期受冷、受热是保护皮肤黏膜的关键措施。冷热处理好了,好多问题也就迎刃而解。

过敏性物质也常随食物或呼吸道等进入血液内,而出现一些严重的全身过敏反应,还会由内而外的刺激皮肤和黏膜引起一系列局部的过敏症状。

下面让我们来逐一分析一下。

一、皮疹

1. 湿疹

湿疹是小儿较常见的皮疹,是一种过敏性炎症性皮肤病。各种理化因素的刺激都会导致小儿湿疹的产生,如过冷、过热、不及时换尿布、日光暴晒、洗化用品刺激等,也可因孩子对某些食入物、吸入物、接触物或是通过母乳间接接触过敏物质而致敏,还有遗传因素等。

孩子得了湿疹后,除积极按医嘱用药治疗外,还须注意以下事项。

(1)因尿不湿或皮肤皱褶等处不透气导致的湿疹,需要注意保持局部皮肤的干燥,尿不湿要及时更换,皱褶处汗多时要及时擦干,必要时将皱褶打开,或用纯棉布类隔开。面部及皮肤干燥处的湿疹要注意保湿,平时清洗后应习惯性地使用儿童专用防过敏护肤霜,薄薄地擦上一层,既可使皮肤与外界环境相隔离而起到保护皮肤的作用,又可促进受损皮肤尽快修复。

(2)无论是哪种原因导致的湿疹,我们都要注意,不能让孩子受热。一热一出汗,湿疹就会加重,所以及时擦干汗液、让孩子少出汗是护理湿疹的首要措施。室内温度和湿度都不宜过高,否则会使湿疹痒感加重。衣服要穿得宽松些,以吸汗性较好的全棉织品为佳。夏天,孩子运动流汗后,应及时为其擦干汗水;天冷干燥时,应替孩子擦上防过敏的非油性润肤霜。除了注意天气变化外,家长不要让孩子穿易刺激皮肤的衣服,如羊毛、丝、尼龙等。

（3）勿给孩子洗澡太勤,建议夏天每天1~2次,冬天每3~7天1次,视孩子脏的程度而定。给孩子洗澡的时候,水温一般夏天为36~37 ℃,冬天为37~38 ℃适宜,不要用过烫的水洗。使用不含刺激性的沐浴剂来清洁孩子的身体,要特别注意清洗皮肤的皱褶处。洗澡较频繁时,不建议每次都使用洗发露和沐浴露,用后应及时冲洗干净。洗完后,擦干孩子身上的水分。在冬天,较干燥部位的皮肤可以涂小儿专用护肤霜,有湿疹的部位,要涂上一层薄薄的湿疹专用润肤膏。如果新生儿头发上有污垢或结痂已变硬粘住头部,则可先在患处涂上橄榄油,过一会再洗。洗完,皮肤受损处要涂抗菌或消毒药膏（这需要专科医生的指导）。

（4）避免孩子的皮肤长时暴露在冷风或强烈日光下。

（5）皮疹会导致瘙痒,家长要经常修短孩子的指甲,减少抓伤的机会。皮肤瘙痒会导致孩子痛苦难耐,也会影响孩子的睡眠及心情,在积极遵医嘱使用抗过敏药物的同时,可轻轻抚摸孩子的皮肤,为其减少一点痛苦及避免孩子因哭闹出汗而加重湿疹。

（6）尽量寻找过敏原（又称变应原）,但往往有困难。找到确定的过敏原后,要适当地进行规避。有明显食物过敏的,要避免进食易过敏食物,特别是海鲜、鱼虾、牛奶、蛋类等。但在没有明显证据时,最好不要随便禁食某类食品,不提倡为了避免过敏,而使孩子得不到应有的营养。

2. 荨麻疹

荨麻疹是较重的过敏性皮疹,可表现为全身的风团样皮疹。食物、药物、致敏接触物、吸入性过敏物或病原体感染,甚至温度、曝光、精神因素等都可导致荨麻疹的发生。当出现荨麻疹时,要立即就医用药,以防发生喉头水肿而窒息或发生过敏性休克等严重致命后果。荨麻疹产生的瘙痒症状也是让人难以忍受的,需要医生用抗过敏药物快速缓解症状,解除不适感。预防及皮肤护理方法类同湿疹。主要需对因预防,譬如,避免明确的过敏性接触物,积极抗感染治疗,心理调节等。

过敏性皮疹的类型还有很多,有专家曾说,大多数皮肤病都与血液内的某些致病物质有关,曾有专家用换血疗法来治疗顽固性皮肤病,并取得过明显效果。但比起皮肤病,换血的风险和代价更大,使其无法实施和推广。我们血液内的绝大多数物质都是从食物中演化而来,如果很多皮肤病是由血液内的问题导致的,那我们可以先从入口食物来管控,也许可以控制一些致病物质。所以家长们要注意筛选孩子的食物,就像我们关于饮食一章节讲的,应该按膳食宝塔原则,给孩子吃些家常便饭,少食易致过敏的海鲜、芒果、不常用食物及零食等,可减少添加剂等非营养性废物及易过敏物质进入人体的机会,多饮水排毒等,也许是净化我们血液、减少体内过敏性物质的有利举措。

二、过敏性鼻炎

过敏性鼻炎的常见症状是:鼻塞、鼻痒、流清水涕、打喷嚏等,常是对尘螨、动物毛屑、食物、花粉等过敏所致。

很多时候,过敏性鼻炎易与其他原因导致的鼻炎相混淆,具体分析如下。

(1)受凉引起的鼻炎症状,其机制是:当身体受冷刺激时,鼻黏膜血管会出现反射性收缩,但当全身发热后,鼻黏膜出现血管舒张,充血肿胀,而发生鼻塞症状。

(2)感冒等引起的鼻炎,是因病原体刺激鼻黏膜局部,使其充血肿胀而出现鼻塞,还可使其过度分泌黏液以包裹杀灭病原体及修复受损黏膜,而出现流涕现象。

肿胀的鼻黏膜很脆弱敏感,稍受外界温度、粉尘、气味等的刺激就会出现流清涕、打喷嚏等过敏症状。

鼻炎,特别是过敏性鼻炎,不管是孩子还是成人,都很常见。其带来的困扰也很多。譬如,易反复发作、需反复用药、药内常含的激素成分会导致满月脸及其他不良反应等。患过鼻炎的人很多都觉得难治,甚至把专家号都挂遍了,药都用遍了也不觉得好转,有的即使当时好转了,过后却常复发。

鼻炎为何那么难治?让我们来找找原因。

受凉是导致过敏性鼻炎的诱因之一,但却是举足轻重且最容易被忽略的原因。这里请常患鼻炎的朋友回忆一下,在冬天,你有没有经常穿得很少? 有人说:"我不怕冷!"那么再请回忆一下,整个冬天有没有经常让自己的手脚冰凉? 有人说:"我不觉得冷啊!"这里常有个误区,就是我们常会把身体对冷的承受能力与心里对冷的承受能力混为一谈,心理上的不怕冷并不代表身体上能承受得了某种程度的冷。每个人对冷的体验是不同的,与人的习惯和意志力有一定关系。常有人整个冬天穿得很少,让自己冻得瑟瑟发抖或手脚冰凉,清鼻涕流得稀里哗啦,问其总会回答:"不冷!"或"我不怕冷!"其实这些身体的反应都是在警示我们:"身体已快承受不住了!"但我们常置之不顾,日复一日,年复一年,慢性鼻炎就出现了。然后,到处求医,其间仍然穿得很少,甚至还会责怪医生看不好病。身体的养护永远都是三分治,七分养,如果不注意养护,神医都没有办法治好。

这里还要提醒注意对冷的敏感度问题,有的人都冻得浑身透凉了却还是意识不到冷,让我们来养成经常摸摸自己手脚的习惯。只要手脚冰冷,我们就要增加衣物,千万不要再用"不觉得冷,或不怕冷"来对待身体的冷。前面提到的孩子冷暖判断的方法,其实也适合成人。如果寒冷季节常让自己处于冰冷状态,鼻黏膜就会持续受损,而使之失去正常的屏障及保护作用,也是过敏症状反复发作的原因,但很多人没有这个意识。所以从这一刻开始,试着让自己的手脚 365 天保持温暖,如此坚持,次年再看,你的鼻炎症状会不会有明显改善。

好像有点跑题了,说孩子的,怎么扯到大人身上了? 不! 很希望大人们自己能有这个意识,才能对孩子这方面有足够的意识。孩子有时更无法发觉和表达自己的冷热,需要我们家长时常去关注他的冷热,无论什么季节、什么天气,习惯性地常去判断孩子是否冷热不均,也许鼻炎会慢慢远离孩子。

对于孩子,还有一些困难,譬如,听不听话的问题,配不配合的问题,还有家长不能 24 小时看着孩子的问题,以及上面提到的夜间蹬被子问题,等等。但是,家长只要重视了,就是成功的第一步,如果能执行到位就是解决问题的根本,对鼻炎的防治将起到重要的作用。

对于花粉、食物、药物等一些具体物质的过敏,除了有些一接触就有严重过敏现象,如过敏性休克或严重皮疹等需要严格隔离外,一般的过敏只要适当注意就行了,因为有时真的无法避免,致敏物质可能存在于我们日常生活的方方面面中。

临床上,常有孩子对某种药物过敏,有的只是做皮试时过敏。按照医疗规范,孩子做某种药物皮试时一旦被判定为过敏,这个孩子就不能再用该药,但往往临床上常遇到,孩子的病只有那种易过敏的药才有效,或有些孩子对很多药都过敏,在救命与可能过敏的风险之间,医生们有时就会逼不得已去冒险用这些药物,这是医生拿自己的职业生涯在赌博。此外,也经常遇到一件事,就是孩子曾对某个药物或食物过敏,在另一个时期又不过敏了,为什么?只能有一个解释,人体在不同时期,体质是不同的。但有一点是肯定的,就是抵抗力越强,体质也就越好,抗过敏能力就会相对增强!所以增强孩子抵抗力是保证其少患鼻炎的重要举措!

谈谈鼻窦炎,其是鼻炎的衍生物。鼻炎导致鼻腔内通向颅骨腔的鼻窦口反复因水肿而不畅。鼻窦长时间不通畅,细菌就容易在里面滋生,鼻窦炎就容易发作。鼻窦炎不是过敏,是感染导致的,常见症状就是不停地流脓鼻涕。如果鼻窦口完全被堵塞,可无流脓涕现象,但时间长了孩子就会出现头疼、思维不集中等症状,间接地会导致孩子的成绩下降,一定要重视!按上面的护理方法,配合抗生素、消肿等药物治疗,鼻炎好了,鼻窦炎慢慢也会好。否则,又会变成久治不愈或反复发作的顽疾。

三、过敏性咳嗽和哮喘

过敏性咳嗽和过敏性哮喘都是因为致敏物质的侵袭,使呼吸道受刺激而引起反应性咳嗽和哮喘症状。过敏性哮喘与过敏性鼻炎关系密切,有研究表明:哮喘患者中有60%～78%合并过敏性鼻炎。所以对于患儿的过敏性鼻炎要积极治疗。对于过敏性咳嗽和哮喘,往往多数孩子都有反复呼吸道感染的病史。我们的呼吸道黏膜较皮肤薄弱,更容易受环境的影响,环境不合适,呼吸道就很容易受损而易致感染。譬如,我们的呼吸道黏膜表面不停地有保护性物质分泌,当遇寒冷空气时,黏膜表面血管会收缩,这些保护性物质分泌就会减少,或遇病原体感染等时,呼吸道表面黏膜就会受损。如果我们经常让呼吸道黏膜受损,支气管黏膜下的肌肉组织由于缺乏黏膜的保护,受到易致敏物质刺激,就会出现痉挛性收缩及病变局部水肿,使支气管腔变窄,哮喘症状就出来了,还会出现刺激性干咳,以促进致敏物质的排出。所以在医学上,要求空气的温度在一定范围内才有利于呼吸系统的健康,标准是 18～22 ℃,对湿度的要求也高,在 55%～65% 的较窄范围内。

对于过敏性咳嗽和哮喘,如果过敏原明确,譬如,对某种花粉或食物过敏,那么只要避免接触此种物质即可控制发作。但很多时候,我们无法控制环境中的过敏原,或找不到明确的过敏原,医生们就会先进行对症处理,譬如,哮喘急性发作期,是因支气管痉挛收缩或黏膜水肿所致,医生会使用扩张支气管的药物,或是使用激素等控制哮喘症状。刺激性干咳时,医生会用止咳药,以免咳嗽剧烈导致呼吸道更受损,并避免影响休息而不利于身体休养。

有时可能是对细菌、病毒、支原体等病原体过敏,这种就要对因进行抗感染治疗,待支气管或肺部炎症慢慢好转,咳嗽和哮喘症状也就逐渐消失。

所以,想要控制过敏性咳嗽和哮喘的发作,关键是避免过敏原的接触、避免孩子受凉,减少感冒、支气管炎、肺炎等疾病的发生。

如果想减少咳嗽和哮喘的复发,让呼吸道黏膜尽快修复完好是关键。人的受损组织修复是个漫长的过程,在孩子得了支气管炎、肺炎后,有的家长觉得孩子出院就是病好了,其实刚刚修复的组织还很脆弱,如果回家仍然不注意冷暖问题,并让孩子疯跑、大哭、大叫等,会使尚在修复中的组织像被撕裂开来一样,这样的修复就不能彻底了,会容易导致疾病再发作,所以让孩子出院后继续静息修养很重要。

四、过敏性腹痛和腹泻

过敏性腹痛和腹泻,在出生 3～4 个月的孩子中较常见,常因过早添加辅食或进食配方奶所致。常表现为在食用食物后出现腹痛或腹泻,是因对该类食物过敏所致。3~4个月的孩子肠道的通透性较大,消化蛋白质的酶系统发育不成熟,小婴儿又缺乏肠黏膜表面的保护性抗体——分泌性免疫球蛋白A,这些可加速肠黏膜对异种蛋白的吸收,而诱发胃肠道过敏反应。

预防和控制过敏性腹痛和腹泻要注意以下几点。

(1)6个月前的小婴儿,尽量给予纯母乳喂养。

(2)奶粉喂养时,要选择合适年龄段的奶粉;有过敏可能时,应在医生的指导下试着更换奶粉。

(3)不宜过早添加辅食,应在小儿6个月时添加,添加时要注意先从单种食物开始,慢慢适应了再逐步添加(小儿具体的喂养方式及注意事项参照第一章第三节内容)。

(4)观察孩子对食物的反应,当有可疑过敏的食物,应尽量避免食用。

(5)发生腹痛和腹泻要及时就医(护理方法参照第一章第四节内容)。

对于过敏性疾病,心理因素的影响作用也不容忽视。在情绪激动、心理压力过大、抑郁等不良心理刺激下,会导致孩子过敏性疾病的产生或加重,因此,在照护过敏患儿时,须注意孩子心理方面的调节,为孩子创造轻松、愉悦的氛围,为孩子适当减负等,可促进过敏性疾病的恢复及减少其复发。

第四章

儿童意外的应对

第一节 溺 水

儿童溺水2分钟后便会失去意识,4～6分钟内身体便遭受不可逆转的伤害,超过6分钟存活率仅4%,超过10分钟存活率几乎为0,所以争分夺秒地救助是关键。

儿童溺水的急救方法如下。

1. 发现儿童溺水,立即大声呼救,然后按以下情况分别处理

(1)如果你会游泳救人,则脱去外衣和鞋子留在岸边,以告诉后来者落水地点,迅速游到溺水者附近,看准位置,在落水者背后用左手从落水者左臂腋下穿过其前胸握住其右手,或者拖其头部,然后采取仰游的姿势把其拖向岸边,避免游到溺水者正面被溺水者紧抱而累及自身安危。

(2)如果不会游泳,落水者还在挣扎,应大声呼救周围人,立即找来长棍、长绳或可打成长结的衣物抛向落水者,大声嘱其抓紧,同时自己要找固定身体的东西(如粗树根、大石头等)将其拉出水面。或向落水者抛救生圈、木板等,有条件应将可抛物系上长绳;抛不准可拉回重抛,以免失去救援机会。

(3)如果不会游泳,落水者已沉入水底,应大声呼救周围人,拨打119、120、110等,等待救援。不要盲目下水救人,即使是会游泳者去救人也要注意一点:会游泳和会救人是两码事,不是会游泳就一定会救人。平时,在学会游泳后,可以再学一下如何救人和自救为佳。

2. 落水者被救上岸后,按以下情况分别处理

(1)神志清楚、有呼吸和心跳者,应立即采取伏趴倒水法,排出呼吸道积水。同时要查看口鼻腔有无异物,如果有,要立即清除。舌头有后坠时要将舌拉出,以免堵塞呼吸道。

(2)神志不清、无呼吸心跳者,应立即对其采取心肺复苏,此时不能先采取倒水法,以免耽误最佳抢救时间。

注意:若孩子未排出呼吸道内水分,进行心肺复苏时取头低足高斜坡位为最佳,可使肺内积水逐渐被引流及挤压出,有助于减少抢救成功后肺部并发症的发生率,有脑出血及其他禁忌证者不推荐采用此法。

第二节　心跳呼吸骤停

当患者心跳呼吸骤停时,要立即进行心肺复苏。2010 年我国已提倡将心肺复苏的步骤由之前的先人工呼吸改为先心脏按压,甚至提倡在野外时不进行人工呼吸,只进行心脏按压,一是避免因被救者中毒,而把毒物传给施救者;二是心脏按压的同时,可以促使肺内异物的排出,利于肺的舒张;三是可增加心脏复苏的时间,心脏复苏了,血液循环动起来了,也利于促进肺的复苏等。在没有特殊的情况下,心脏按压后,应立即进行人工呼吸。人工呼吸可以促进肺舒张,增加氧气的供给。

心肺复苏具体步骤如下。

(1)判断有无心跳:触摸颈动脉,位置在喉结位置的侧面,用示指、中指两指腹触摸即可摸到,孩子没有喉结,就在颈部中线向两侧摸,摸不清时可直接趴在左胸前听有无心音。当没有心跳时,要立即进行心脏按压。

(2)心脏按压:立即进行 30 次胸外心脏按压,100 次/分的频率(表 4-1)。有条件的配合心脏电除颤。

(3)判断有无呼吸:俯于孩子口鼻部听有无呼吸音,侧看胸廓有无起伏。当无呼吸音、无胸廓起伏时需要立即进行人工呼吸。

(4)人工呼吸:清除孩子口鼻异物,开放气道,可用压额抬下颌法。人工吹气 2 次,方式是:小的婴儿可以用大人的嘴完全包住其口鼻进行吹气,大的孩子同成人,将鼻捏紧,打开下颌,用大人的嘴包住孩子的嘴吹气 1 秒,停止 2 秒;再吹气 1 秒,停止 2 秒。因为人的吸气时间与呼气时间比是 1:2。

30 次的心脏按压,2 次的人工呼吸,如此循环进行,连续 5 个循环后评估复苏是否成功,若仍无心跳呼吸,继续复苏,直至生命体征恢复。

表4-1　不同年龄段儿童心脏按压表

内容	成人	10岁以上儿童	幼儿	婴儿
按压手法	双手掌重叠，掌根部置于胸骨中下1/3交界处	双手掌重叠，掌根部置于胸骨下1/2处	单掌或双指按压两乳头连线	双指按压两乳头连线或双手环抱法，双手拇指置于胸骨下1/2处，其余四指分开并环绕胸廓
按压幅度	胸廓下陷4~5厘米	胸廓下陷3~4厘米	胸廓下陷2~3厘米	胸廓下陷1.5~2厘米
	1/3~1/2胸廓厚度			
按压频率	100次/分			
按压：呼吸次数(单人)	30：2			

第三节　呼吸道异物窒息

孩子常因食用小颗粒食物或异物导致呼吸道窒息，较严重的窒息会因缺氧在数分钟内致命。所以我们要在第一时间给予急救。海姆立克急救法是世界通用的有效的急救手法，希望每个人都能会，它很简单，却意义重大。

海姆立克急救法分为3种方法，具体如下。

（1）拍背法：适用于1~3岁的婴幼儿。使小儿俯卧于施救者前臂上，施救者的前臂放于自己的大腿上支撑婴儿，使婴儿处于头低足高位，头在施救者的手上。施救者用手支撑住婴儿两侧下颌骨处从而固定头部，不要托住脖子，压迫到喉部软组织时会致命。施救者另一只手掌根部在小儿背部中线两肩胛连线位置稍用力拍击5次，大约1秒1次，若未拍出，可重复进行，或换种方法施救。

（2）胸部冲击法：适用于1~3岁的婴幼儿。使小儿仰卧于施救者前臂上，施救者的前臂放于自己的大腿上支撑小儿，手托住小儿枕部，保证头低于躯干。施救者在小儿两乳头连线下方一横指处,用两手指迅速向下并向头侧深部方向按压,给予5次胸部冲击,约1秒1次,若未排出,可重复进行,或换种方法施救。

（3）腹部冲击法:适用于1岁以上的儿童及成人,1岁以内禁忌使用。施救者站在窒息者的背后,手臂从窒息者的腋下环抱其躯干,将手握拳,大拇指侧对准患儿腹部的中线处,在剑突的尖端下和脐部稍上方之间位置,相当于胃区,将患儿稍向前弯腰,另一只手包住该拳用力向上推压数次,约1秒1次,若未排出,可重复进行。

注意:按压的力度不可太轻,将起不到作用,也避免太重伤到孩子。如果利用上法无法排出异物,并发生心搏骤停时,要立即进行心脏按压。

第四节　高空坠落

孩子从自家窗户爬出而坠落的危险事件时常发生,很多都是家长将孩子单独放在屋内导致的悲剧。网络上虽然频繁报道,但还是有很多家长抱着侥幸心理,才会导致悲剧不断重演。一旦发生,那将追悔莫及。当把孩子单独留在房间内时,有时家长认为孩子睡着了没事,但可能一个关门声就能把孩子吵醒,孩子醒后,当面对空无一人的房间,会有一股强烈的恐惧感,迫使他不顾一切地要朝着明亮和有人声的窗外爬去,幼小的宝贝是无法辨识危险的。在这里只能提醒家长们,千万不要抱侥幸心里。有的家长说,家里有防盗窗啊,但孩子的脑袋被挂在防盗窗上也是时有发生的,同样危险。如果没有人及时发现,若孩子脑袋不足够大,后果不堪设想。而且家里还有很多危险可以发生,譬如,坠床、跌伤、拿到危险物品、食用危险的非食物类物品、自己开了门出去等,危险无处不在,家长们一定要提高防范意识。

曾有多起小儿发生高空坠落时,施救者徒手成功接娃的伟大壮举发生,在这先致敬一下! 但如果是从特别高的距离坠落,这种操作是相当危险的,不仅不容易接到,还有可能因为重力冲击而对自己造成严重的砸伤,甚至致命。使用大面积的床单被褥多人托接较可行,来得及时还是首先拨打119请消防员救援更妥,同时拨打

120急救电话是必要的。

当孩子已跌落,受伤的部位和程度会有无数种可能,但因孩子头部偏重,所以头部着地的概率较大,也是很难幸免的原因之一。

对于高空坠落的孩子,如果有明显的出血点,要及时地制止出血。可采用局部压迫法,或肢体高位结扎止血,有骨折时要进行局部固定,这些需要通过专业的知识培训才能正确操作。内脏出血时,我们旁观者除了打急救电话,其他是一点办法都没有的。还有些损伤是不能搬动的,搬动会导致更严重的后果,譬如,颅脑和脊柱的损伤等,不清楚情况的时候,还是等急救人员到场再处理较为妥当。

第五节　电梯意外

常发生的电梯意外有:孩子的手或脚绞入手扶梯的边缘,电梯门打开时夹住扶在门上的手,进入电梯后乱按乱蹦导致电梯损害而发生停运、坠落等,甚至还有孩子对着电梯按钮撒尿导致电梯电路板短路而产生故障,以致电梯停运、电梯门打不开。

对电梯意外的预防和应对措施如下。

(1)要经常给孩子灌输电梯礼仪,让孩子知晓和避免危险动作,家长的时刻监护和及时制止也是关键。

(2)发生手扶梯夹人事件时,要立即使电梯停运,在电梯的端口侧面有一个按钮,按压可以立即使电梯停运,然后第一时间呼救。如果电梯维护人员有应急技术的可以帮忙解决,否则只能拨打119请消防员救援,同时拨打120急救电话。

(3)升降电梯夹手时,不可强按电梯关门按钮,因手被夹住,有时想关电梯门也关不上了,且这样还会造成更严重的挫伤,应等待电梯维护人员或拨打119请消防员救援,同时拨打120急救电话。

(4)如果有电梯坠落的情况立即按以下步骤处理。

1)尽快把每一层楼的按键都按下,切记要从底部往上按,以最快的速度全按亮,哪怕不停也要都按亮。

2)如果电梯内有扶手,请一只手紧握扶手。

3）整个背部跟头部紧贴电梯内墙,呈一直线。

4）膝盖呈弯曲姿势。因为不知道电梯何时会着地,且着地时很可能会因全身骨折而丢失性命,这种姿势可缓冲一部分的冲击力,保护人体重要的大脑和脊柱。

（5）在电梯内被困时,立即按响电梯内的急救按钮,并立即呼叫附近人员求救。电梯内有信号时及时电话求救,要找电梯维护人员打开电梯,切不可自行撬开门。自行撬门是相当危险的事情,因为有时并不能准确判断电梯是在哪层,还会使电梯发生其他故障。没有信号时,只有大声呼救,以期望能有外面的人听见而得救。

第六节　车内滞留意外

有很多家长觉得要暂时离开车辆出去办点儿事,带着小孩又不方便,就会把孩子留在车内,又怕孩子自己丢了,就把车窗车门都锁上。但殊不知,当启动过的车辆熄火后,门窗紧闭会导致车内的氧气急剧消耗,车内温度上升,加之发动机产热后散发的气体,使车内空气质量严重下降。如果是炎热的天气,只需要几分钟,就会让人大汗淋漓,最终因过热及缺氧而亡,这种悲剧也无数次发生过了。还有大客车为了多载人,将几名学生藏在货箱内,最后学生被活活闷热致死,他们用力呼喊的声音被车辆声淹没,根本听不见,致死原因都是相同的,让人痛心。此外,孩子趴在开着的车窗上,家长或孩子不注意按了升车窗的按钮,导致孩子被夹,甚至致死的事件,也有发生,在此希望类似的悲剧不要再发生。

家长要对此足够重视,任何时候不要抱侥幸心理。不要把孩子单独留在车上。孩子在车上时,家长要习惯性地把后排门窗按钮锁上,不要让孩子玩耍车门和车窗按钮。不要让孩子及任何人待在熄火后密闭的车内,哪怕几分钟。还有,不要把孩子放在不该放的地方。

第七节　烫　伤

常见的有开水烫伤、热锅饭粥烫伤、取暖器烫伤等,发生原因都是这些热源离孩子太近，家长又未足够重视所致。孩子的动作非常快，且越小的孩子对危险越没有概念，有时就一转眼工夫，悲剧就发生了。平时要让开水、热粥等热源远离孩子，不要放在孩子能触及的地方，要时刻保持警惕防止孩子靠近。给孩子的食物要待温度降到合适了再给孩子，因为孩子看到食物就控制不住地要尝试。对于小的孩子，教会孩子什么叫热，并要让他知道热会导致疼痛，可以用不致损害的致热物品让孩子体会一下。如果不让孩子体会，只是警告和恐吓，孩子会没有意识去规避。此外，家长应掌握处理烫伤的科学方法，以应对烫伤意外的发生。

当发生了烫伤，要第一时间让烫伤处在缓和、流动的凉水下反复冲洗降温至少10～20分钟，这点非常重要，可降低余热继续损伤局部的程度。如果外裹衣服，立即脱掉，脱贴身的一层时要注意，如果已与皮肤粘连，不要强行脱掉，以免将皮肤一起撕带下来，可将未粘连皮肤的衣服剪掉。面积不大的部位，让其裸露，立即就医处理。面积较大时，需用无菌或较为清洁的物品托着尽快送医。面积很小，影响不大，想在家处理时，可以买烫烧伤膏涂抹，用棉签涂抹时，切忌来回用力擦拭，这会把皮肤擦破，还会引起疼痛，可以用沾着药膏的棉签在烫伤处轻柔滚动涂擦。

还有发生热水袋烫伤的情况。对于儿童，不建议使用热水袋，因为孩子睡着后，对热不敏感，有的家长会用毛巾包裹给孩子使用，但孩子反复翻身会导致毛巾脱落，有的家长认为水温不太高就行，然而即使不是很烫的温度，由于孩子皮肤太娇嫩，当热水袋长时间紧贴皮肤时，慢慢积累的热也会导致皮肤不知不觉地被烫出水疱，使用须谨慎。使用电热毯保暖时要注意，防止孩子尿床后电线短路而发生触电或着火的危险。铺上隔水垫保险一点。

第八节　锐器伤、机械伤

孩子常因缺乏危险意识，不知道使用锐器物的技巧，而致锐器伤，常见的是手部刀割伤、剪刀剪伤等，还有的孩子被绞肉机或其他机器所伤等。轻的就是破皮流点血，重的可能切断重要肌腱、神经，使指头丧失功能,甚至连指头都被切下导致残疾。手是人体的重要部位,家长要重视。平时家里刀、剪、针类锐器物要放在孩子不易接触到的地方,不要让孩子单独使用锐器。需要使用时,譬如剪刀,可以买儿童专用的安全剪刀,使用特别锐利的器具,家长需要时刻监视着,并给予正确使用的指导。及时告知使用不当会导致的后果,必要时可以给孩子找些严重后果的图片观看,让孩子认识到自我保护的重要性。对于机械伤,需要家长加强监管,增强安全防范意识,避免把孩子带到危险的场所自行玩耍。

小的伤口应局部立即压迫止血,家里最好常备无菌纱布,用无菌纱布压迫可防止继发细菌感染。血止后需要消毒包扎,大的伤口需要缝合等,要及时就医。

如果有手指被切掉,在夏天,可将离断的指头用无菌敷料包裹保存,没有条件时可以用干净的棉布包裹,再用塑料袋包裹,在袋外放冰块或雪糕。有条件的可使用冰块,但过冰时需用毛巾等包裹,因为冰冻物如果直接与离断的指头接触,会导致指头的冻伤。在冬天,可以直接将离断的指头包裹。注意:千万不可把断指直接浸入乙醇、消毒水、盐水等中转运,这样会破坏断指组织的结构,影响再植指的成活率。

要立即送至就近的有手外科的医院就诊,转运越快越好,断指再植最佳治疗时间为6~8小时。如果手指条件可以,延长至10小时也可试行再植术。

此外,受伤后常规应注射破伤风抗毒素,以防破伤风的发生。

第九节　动物咬伤

最常见的是被猫、狗等宠物咬伤,有皮肤破损时一定要就诊,还必须注射狂犬疫苗,以防止狂犬病的发生。要提醒一点:没有可见的皮肤破损时,不一定皮肤没有损伤,只要被咬,都建议注射狂犬疫苗。一旦被感染得了狂犬病,是无药可治的,而且患者异常痛苦,还会导致咬人、伤人事件发生,最后会不得以采取强制措施直至痛苦而亡,所以切不可大意及抱侥幸心理。

第十节 坠 床

可能每个孩子从小到大都会有坠床的经历,绝大多数时候我们运气都比较好,只是些皮外伤,但也有运气不太好的,坠个床就发生了颅内损伤,还导致一辈子的脑功能障碍——瘫痪、智力语言运动发育障碍、植物人状态等。大脑支配全身功能,摔到哪个区域,哪个区域功能就会受损,甚至还会发生致命的后果。所以,我们要提高警惕,因为不知道那个霉运会不会发生在我们身上,一旦发生,后悔也来不及了。

坠床后应对措施以预防为主,具体方法如下。

(1)孩子的床建议四边都要有床挡,没有床栏的应在后期安装,可通过网购购买。

(2)上下铺的儿童床,对于小儿还是很危险的,孩子好动、爱冒险是天性,如果家长无法保障孩子时刻都在视线内,还是建议避免使用。

(3)没有条件安装床栏的家庭,可以将床靠墙放置,将孩子放在靠墙处,或放在父母的中间。

(4)如果床的高度较低那么问题不大,但如果床较高,最好在床下大面积地铺上防摔垫,这样即使孩子坠床了也不会有太大的损伤。

一旦孩子发生坠床,要立即查看损伤的情况,因孩子头重脚轻,坠床后常会发生脑袋先着地,易致头部血肿的发生。处理方法请参照"头皮血肿"内容。其他部位损伤的,根据情况及时处理,摔伤后注意孩子的精神及反应与平日是否有差别,因为有时内部损伤不容易辨识,必要时及时就医。

第十一节 跌 倒

跌倒后的损伤也是要看运气,摔出严重后果的也时有发生。同样以预防为主,方法如下。

(1)刚学走路的孩子,因个子小,家长长时间弯腰扶持,一般人都坚持不了,稍不注意孩子就会跌倒。家长可借助学步车或学步带来保证孩子的行走安全,网上还有很多防摔护具可以选择。

（2）给孩子穿的鞋要合脚,不要穿拖鞋,鞋子要注意防滑。

（3）衣服要合身,活动自如,尽量不要佩戴硬质饰品或别针等危险物品,孩子手里也不要拿着硬质物品,特别是尖锐物品。

（4）为孩子选择平坦的路面,容易摔跤的孩子不要带至水泥地面等容易损伤的地面行走或奔跑。

（5）远离危险区域,如水边,车辆、行人较多的路面,垃圾、杂物堆放较多的区域等。

（6）家长要做好看护义务,尽量不要让孩子离开自己的视线,以随时排除危险因素。

跌倒的处理方法参照上一节"坠床"的内容及相应处理方法。

第十二节　丢　失

孩子可能走失,也可能是被拐走了。无论怎样,丢失孩子对一个家庭的打击都是致命的,孩子丢失后的安危也不容乐观。关于孩子丢失的案例数不胜数,家长们还是要时刻警惕,以免丢失意外的发生。

预防孩子丢失的方法如下。

（1）平时要教会孩子自我保护意识,教导孩子不随意离开家长的监管范围,不随意跟陌生人搭讪,不随意接受陌生人给的任何用品或食物,不随意跟陌生人走,避免迷路或被偷、被骗、被卖等。

（2）让孩子记住家长的手机号、姓名、家庭地址,以及110、119、120 等急救电话,出现问题时的应对与急救方法等,这些知识越早教给孩子越有利。

一旦发生了孩子丢失,第一时间报警是关键,其次要调动一切可利用的人脉和资源去尽快查找。在公共场所丢失的孩子,常被偷盗者剃发、换衣服等,因此,平时手机里留存孩子的清晰五官近照及全身照非常必要,再把孩子的主要特征记住,一般需提供孩子走失时的着装特点、姓名、性别、年龄、身高、体重、体形、胎记、痣、瘢痕等,以便重点突出,利于别人帮助找寻。

结　语

　　人体是一个复杂而多变的生命体,很容易受外界环境的影响而变化,致使医学有永远探索不完的课题。医学书本上,很多疾病的发病原因、发病机制及药物不良反应等都会标注"尚不明确"的词语,意思是在现有医学条件下,尚未研究透彻。一个问题的研究,特别是对多变的人体的研究,影响因素太多,真要把一切都弄得透透彻彻、明明白白,几乎是不可能的。疾病的恢复很多时候还是靠患者自身的抵抗力起作用。所以,我们要在身体的调适上下功夫。有了健康问题不要一味地依赖着药物和其他医疗手段,必须要从我们的生活作息上找问题,找根源。要相信一切都有原因,未找到原因只是我们暂时未能发掘而已。

　　有专家曾说过,其实很多"遗传性疾病"并非真的遗传,而是因为所处的环境中有相同致病因素的存在而致同种疾病容易发生。譬如,原发性高血压,此类患者的家庭成员可能存在习惯偏咸食物、荤食比例过高、长期处于高压心理状态,或脾气暴躁易怒等因素。再譬如,高度近视,可能该家庭对正确用眼不够重视,总是长时用眼(如看电子产品或看书),光线过明过暗,不知道疲劳用眼后如何放松等。还有诸如喜食腌制食品导致的食管癌高发区的易感人群、水质被血吸虫污染而导致的血吸虫肝病的地方病易感人群等。只要我们能找到原因,足够重视并注意规避,有很多问题是可以避免发生的。

　　人类经过进化保留下来的一切"部件"都有它存在的理由,曾一度流传阑尾和扁桃体等器官可以随便切除,以避免感染引发疾病的说法,但却不知道少了这两个器官后,人体在某些看不见的免疫力方面的缺失,会致部分的免疫力下降,继而带来一系列健康的问题。当局部病变严重且反复时,确实是有必要切除的,但我们要严格掌握切除指征。我们应该把关注点更多地放在为什么总是发炎上。我们每个人的身体都不是完美的,都会有几个薄弱器官。还有些病原体喜好侵蚀的器官不同,使我们有的人一受凉就容易患扁桃体炎,有的是肺炎,还有的是喉炎等。这些器官第一次被感染而致损伤后,即使痊愈了,下次抵抗力一下降还是容易复发同样的问题。薄弱的原因可能是先天发育的问题,也可能是后天呵护的缺失。无论何因,我们都可以采取行动保护它们,除了第一章节讲的预防受凉等一系列防止抵抗力下降的措施外,需要另外注意一些问题,如扁桃体炎、喉炎,我们就要注意咽喉的保护,除了少吃易上火、刺激性食物外,无论吃何种食物都养成习惯吃完喝点白水冲洗一下咽部,避免食物残留刺激局部;还要注意雾霾和寒冷天气,尽量避免让孩子的呼吸道直接暴露在空气中,可以为其戴口罩;避免过度用嗓,少说话,少让孩子大哭大吵或疯跑;再注意颈部的保护,冷天穿高领的贴身棉质衣服,围上围巾等,对于预防扁桃体炎及喉炎等都有非常重要的作用。再譬如,阑尾炎,阑尾有个细腔与结肠相通,发生堵塞或其他损伤就会导致炎症甚至化脓。所以保持肠道的运转正常是关键。注意合理、规律地饮食,注重肠胃功能的调理,保持大便通畅,积极预防、治疗便秘及腹泻等问题,避免引起抵抗力下降的其他因素等都是有效的预防措施。

上天交给我们一个完整的人体,我们就要用心呵护它。只要我们忽视哪里,哪里就容易出问题。太极讲究阴阳平衡,才能使万物和谐,人体也是一样。生命有时是非常脆弱的,分分钟就能消失;有时又是异常的顽强,即使缺少很多部分,也能绽放奇迹,譬如缺少下半身仍能健康存活的一些勇士。有句话非常好:我们应该与我们的一切和平共处。即使是疾病。因为医学是有限的,当无法让生命更加完美时,我们就要学会与那些不完美和平共处。只要我们尊重它,科学地善待它,它就不会太为难我们。但这为难了缺乏足够医学知识的非医者。即使是医者,因为分科越来越精细化,对于非本专业擅长的内容也是同样会不专业的。所以,需要我们不断地学习。不过无论我们得了什么病,细心追溯我们之前的生活方式,多少会捕捉到一点信息,譬如,存在不良生活习惯、生存环境恶劣、心理常遭受极端打击等。医学无法给出到底哪个是罪魁祸首,但无论哪个,对我们的健康都是不利的,一点点不利因素,叠加在一起,可能危害力就会巨大了。

曾有个患者说,在医院时,医生护士告诉他的戒律他只能执行50%,到了家后,几乎就更难执行了。所以,有时候,并不是我们不懂,只是我们无法克制一些不良因素,无法改变一些自身的问题,再加上很多无奈的理由,使我们维护健康的意志力不足。健康,需要知识,更需要较强的自律。生活不易,需要放松,但得有底线,不要把放松演变成放纵。如果我们自己都管不好自己,下一代的健康又怎能得到保障!

我们应该是自己最好的医生,什么原因导致我们的健康问题,我们可以细心找找。有时其实自己明白,就是不愿意承认,不愿意跟医生说实话,因为怕挨骂,怕遭歧视。所以,有时不一定是医术问题,医生不知道根源,对疾病就很难做出正确判断。譬如,从来没有去过医院,为什么一下就被查出肾衰竭到难以治疗的地步?我们知道,我们人体有一定的抵抗力,多数疾病不是一下就得的,可能是我们长期让身体处于危险状态而不够重视或没有察觉。可以回忆一下,过去有没有长期喝水太少,经常憋尿的习惯?有没有不清洗外阴致泌尿道反复感染的情况?有没有性知识缺乏导致的一些不良性行为?有没有进食了有损肾脏的食物或药物?有没有长期处于恐惧当中?等等情况不得而知,这也是医学研究所受限的原因之一,因为我们无法真实看到患者每时每刻的日常生活及处境,也很难验证到底是哪个原因导致的健康问题。所以,还是得靠我们自己平时一点一滴的自我呵护,我们得对自己负责。

我们常会忽略心理对疾病的影响,有很多人每天把自己的工作、生活打理得井井有条,却让自己的心理处于烦躁、焦虑、抑郁,甚至恐惧的状态中。心理看不见、摸不着,比生理更难研究,这也是为何心理学发展较慢、优秀心理医生较为匮乏的原因之一。对于心理方面,可能让我们不快乐的主要原因是我们对欲望无止境地满足,这其实也是社会的发展在无形中鞭策我们如此行径,为了适应和促进社会发展,我们必须要承受如此的压力!心理学有句话:适度的应激是有助于健康的。所以这些压力在适度范围内是没有问题的,只是在物欲横流、诱惑漫天的世间,我们常常无法克制自己,使自己迷失,使自己掌握不了度,而把自己弄得疲惫不堪,此时的我们又很难找到人生的导师和伯乐去导引我们前进的方向,没有条件随时找到心理医生去咨询和治疗,致使我们无论活着多累,都得自己扛,自己悟。中国发展如此之快,也正是我们每个国人坚韧的性格支撑下来的。经过很多的教训,我们日渐发现,最能感染我们的还是文明、勇敢和善良等一些正能量的东西,这些才会让我们心有所安、心有所静、心有所慰!所以,在孩子的心理问题上,我们也应该给孩子灌输更多的正能量,用这些去感染他们,让孩子们充满激情地去创造美好的未来。

最后再提醒大家一点,现代医学分科虽然越来越细,但人是一个整体,需要贯通来看,在护理上要求把人的身、心、灵作为统一的整体来对待。所以照护孩子,参照本书时,切不可以断章取义,要从头到尾整体看。有时一个细节漏掉,可能就会导致曲解或使照护缺失。在孩子的成长道路上,让我们多点儿耐心,慢慢陪着孩子一起成长!

在医学的海洋里,笔者学识尚浅。本书的内容一定会有很多不足之处,在此向读者朋友们表示抱歉!也欢迎广大业内外人士多予批评和指正!学无止境,本书是笔者的处女作,在以后的不断学习中,如果有机会,会不断地更新和完善作品。笔者只有一个目的:为孩子的健康而战!谨以此书,通过我有限的知识,希望能带给大家一些健康方面的帮助,特别是对于无法表达自己的孩子们的健康有所帮助!祝我们所有的宝贝,即祖国的未来、世界的未来,能身心健康地成长!

参考文献

[1]江载芳,申昆玲,沈颖.诸福棠实用儿科学[M].8 版.北京:人民卫生出版社,2014.

[2]崔焱.儿科护理学[M].5 版.北京:人民卫生出版社,2012.

[3]王惠珊,曹彬.母乳喂养培训教程[M].北京:北京大学医学出版社,2014.

编后声明

本书部分内容参照人民卫生出版社出版的第 5 版《儿科护理学》,北京大学医学出版社出版的《母乳喂养培训教程》,以及人民卫生出版社出版的第 8 版《诸福棠实用儿科学》等。

法律顾问:陈腊梅。